機器學習模擬應用
將合成資料運用於 AI

Practical Simulations for
Machine Learning
Using Synthetic Data for AI

Paris and Mars Buttfield-Addison

Tim Nugent & Jon Manning 著

楊新章 譯

O'REILLY

目錄

前言

歡迎來到《機器學習模擬應用》！這本書結合了您最喜歡的兩件事：電玩遊戲引擎還有人工智慧。我們希望您享受閱讀本書的程度就和我們享受寫作它的程度是一樣的。

具體來說，本書探討了 Unity 的使用，該產品曾經被稱為遊戲引擎（*game engine*），但現在更喜歡被稱為用於建立和操作互動式即時 3D 內容的平台。這句話很長，但基本上可以歸結為：Unity 是一個用於建構 3D 事物的平台，雖然它傳統上被用在電玩遊戲開發，但它可以用來建構任何可以用 3D 來表達的東西，藉由使用由 3D 圖形、物理模擬、和某種輸入所構成的組合。

藉由用於建立和操作互動式即時 3D 內容的平台與機器學習工具相結合，您可以使用所建立的 3D 世界來訓練機器學習模型，就好像它是真實世界（real-world）一樣。實際上它並不像真實世界，但想像起來會很有趣，並且與真實世界有一些合法有用的聯繫（例如能夠產生用於現實世界機器學習應用程式的資料，以及可以轉換為實體（physical）、真實世界的物件，例如機器人）。

 當我們說真實世界時，實際上是指實體世界。

將 Unity 與機器學習相結合是建立模擬（*simulation*）和合成資料（*synthetic data*）的好方法，這將是本書所涵蓋的兩個不同主題。

本書使用的資源

我們建議您在閱讀每一章時都自己編寫程式碼來遵循本書的進度。

如果您遇到困難，或者只是想將我們版本的程式碼副本歸檔，可以透過我們的網站（*http://www.secretlab.com.au/books/practical-simulations*）找到您所需要的內容。

對於在本書中所完成的某些活動，您需要一份資源的副本才能獲得某些資產，因此我們建議您下載它。

讀者群和方法

我們為了對機器學習感興趣，但不一定是機器學習工程師的程式設計師和軟體工程師撰寫了這本書。如果您曾經對機器學習有興趣，或者開始在機器學習領域開展更多工作，那麼本書很適合您。如果您是遊戲開發者，已經了解了 Unity 或其他遊戲引擎，並且想要學習機器學習（無論是遊戲還是其他應用程式），那麼這本書也適合您閱讀。

如果您已經是機器學習專家，那麼本書也適合您，但方式不同：我們不會太深入探討機器學習的原因和方法。因此，如果您已經非常了解 PyTorch 和類似的框架的話，那麼您在這裡會如魚得水。如果您還不知道機器學習世界的內情，那也無妨，因為一切都非常容易獲得。使用 Unity 來進行模擬和合成的關鍵在於，您無需了解正在發生的事情的來龍去脈。它就是有用（這是著名的遺言，我們知道）。

無論您來自軟體、機器學習、或遊戲領域，這本書也適合您。這裡有適合所有人的東西。我們會教您剛好夠用的 Unity 和機器學習，我們也將為您提供起點，讓您能進一步了解您感興趣的路徑。

本書的組織

本書分為三個部分。

第一部分「模擬與合成的基礎知識」介紹了模擬與合成的主題，並透過每個主題的簡單活動來讓您輕鬆入門。

第二部分「模擬世界以獲得樂趣和利潤」是專門用在介紹模擬。這是本書最大的一部分，因為模擬是一個比合成還大得多的主題。在這一部分中，我們幾乎是一步一步地完

成了一系列模擬活動，同時還建構了額外的概念和方法。在本部分結束時，您將接觸到許多不同的模擬路徑。

第三部分「合成資料，真實結果」專門用在介紹合成。相較模擬來說這部分小得多，但仍然至關重要。您將學習如何使用 Unity 來建立合成資料的基礎知識，到最後您將有能力可以進行您可能會需要的任何類型的合成。

如何使用本書

我們環繞著活動來建立本書的結構。我們希望您能與我們一起完成這些活動，並在您喜歡的地方添加您自己的編撰（但請不要覺得您必須這樣做）。

本書採用了基於活動的方法，因為我們認為這是從 Unity 遊戲引擎和機器學習方面來學習所需內容的最佳方式。我們不想教您有關 Unity 的一切，而且本書也沒有足夠的篇幅來解開機器學習的所有細節。

透過從一個活動到另一個活動，我們可以根據需要來引入或排除事物。真心希望您喜歡我們選擇的活動！

我們的任務

對於模擬，我們將建構：

- 第 2 章，一個可以自己滾向目標的球（我們知道，這聽起來太不可思議了，但確實如此！）。

- 第 4 章，可以將方塊推入目標區域的立方體。

- 第 5 章，一輛簡單的自動駕駛汽車，可以在軌道上導航。

- 第 6 章，尋找硬幣的球，透過模仿人類的示範來進行訓練。

- 第 8 章，使用課程學習來建構可以向目標發射球的彈道發射器代理人。

- 第 9 章，一組立方體，它們可以協同工作來將方塊推向目標。

- 第 10 章，代理人可以使用視覺輸入（也就是相機），而不是精確的測量來平衡自身頂部的球。

- 第 11 章，用 Python 來連接和操作模擬的方法。

對於合成，我們將會：

- 第 3 章，產生會被隨機投擲和放置骰子影像。

- 第 13 章，改善骰子影像產生器，更改骰子的地板和顏色。

- 第 14 章，產生超市產品的影像，以允許對具有複雜背景和隨意定位的影像進行非 Unity 訓練。

本書使用慣例

本書使用以下印刷慣例：

斜體字（*Italic*）

　　表示新的術語、URL、電子郵件地址、檔名和延伸檔名。中文採用楷體字。

定寬字（`Constant width`）

　　用於程式列表，以及在段落中參照的程式元素，例如變數或函數名稱、資料庫、資料型別、環境變數、敘述和關鍵字。也用於命令和命令行輸出。

定寬粗體字（**`Constant width bold`**）

　　顯示命令或其他應由使用者輸入的文字。

定寬斜體字（*`Constant width italic`*）

　　顯示應該被使用者提供的值或根據語境（context）決定的值所取代的文字。

 此圖示用來提出一個提示或建議。

 此圖示用來提出一個一般性注意事項。

 此圖示指出一個警告或警示事項。

使用程式碼範例

您可以在 *http://secretlab.com.au/books/practical-simulations* 中下載補充資料（程式碼範例、習題、勘誤等）。

本書是用來幫您完成工作的。一般而言，您可以在程式及說明文件中使用本書所提供的程式碼。您不用聯絡我們來獲得許可，除非您重製大部分的程式碼。例如，在您的程式中使用書中的數段程式碼並不需要獲得我們的許可。但是販售或散佈歐萊禮的範例光碟則必須獲得授權。引用本書或書中範例來回答問題不需要獲得許可，但在您的產品文件中使用大量的本書範例則應獲得許可。

我們感激你註明內容出處，但並非強制要求。一般出處說明包含了書名、作者、出版商與 ISBN。例如：「*Practical Simulations for Machine Learning* by Paris and Mars Buttfield-Addison, Tim Nugent, and Jon Manning. Copyright 2022 Secret Lab, 978-1-492-08992-6.」。

若您覺得對範例程式碼的使用已超過合理使用或上述許可範圍，請透過下方電子信箱與我們聯繫：*permissions@oreilly.com*

致謝

Mars 要感謝她的家人和合著者的支持，以及塔斯馬尼亞大學 ICT 學院和澳洲廣大的技術社群的人們為她提供的所有機會。

Jon 感謝他的母親、父親、以及他瘋狂大家庭其他成員的大力支持。

Paris 感謝他的母親（沒有她，他就不會做任何有趣的事情，更不用說寫書了）還有他的妻子（和合著者）Mars，以及所有的朋友（他很幸運地能和其中幾位一起寫這本書！）。

Tim 感謝他的父母和家人忍受了他相當乏味的生活方式。

我們都想感謝 Michele Cronin，他非常了不起，他的技能和建議對完成本書非常寶貴。Paris 對經常在我們的會議上會分散注意力這件事感到很抱歉，但好好地交談實在是太有趣了！我們真的很高興在未來與您合作開展更多專案！

特別感謝我們的朋友兼 O'Reilly Media 的前任編輯 Rachel Roumeliotis。想念我們在一起的會議咖啡休息時間。

真的，必須感謝在本書寫作過程中與我們接觸過的所有 O'Reilly Media 員工。必須特別感謝 Chris Faucher，因為他們非常擅長他們的工作，並且對我們非常有耐心。還要感謝我們出色的文案編輯 Elizabeth Oliver。您們都很專業、很有趣、很有才華。這真的太恐怖了。

非常感謝 Tony Gray 和 Apple University Consortium（*http://www.auc.edu.au*），感謝他們為我們和本頁上列出的其他人提供了巨大的推動力。如果不是他們，我們就不會寫這本書。現在您也在寫書，Tony —— 抱歉了！

還要感謝 Neal Goldstein，他應該得到充分的讚譽和 / 或責備，因為他讓我們陷入了這整個寫作的困境。

我們感謝 MacLab 暴徒的支持（他們知道自己是誰，並為 Admiral Dolphin 的不可避免的神化繼續守候），以及 Christopher Lueg 教授、Leonie Ellis 博士、還有塔斯馬尼亞大學的現任和前任教職員工對我們的支持。

還要感謝 Dave J.、Jason I.、Adam B.、Josh D.、Andrew B.、Jess L.、以及其他所有激勵並幫助我們的人。還要特別感謝 Apple 辛勤工作的工程師、作家、藝術家和其他員工團隊，沒有他們，這本書（以及許多喜歡它的人）就沒有理由存在。

還要感謝我們的技術審閱者！如果沒有他們的徹底性和專業性以及對我們工作的普遍熱情，我們就無法寫出這本書。還有您們極端的吹毛求疵。我們很感激。真的！

最後，非常感謝您購買我們的書 —— 感激不盡！如果您有任何的回饋，請告訴我們。

第一部分

模擬與合成的基礎知識

第 1 章

合成與模擬介紹

這世界渴望著資料。機器學習和人工智慧是一些最需要資料的領域。演算法和模型越來越大,而真實世界的資料卻不夠充份。手動建立的資料和真實世界的系統是無法擴展的,所以我們需要新的方法。這就是 Unity 還有傳統上用於電玩遊戲開發的軟體可以介入的地方。

本書完全和合成與模擬有關,以及利用現代電玩遊戲引擎的力量來進行機器學習。將機器學習與模擬以及合成資料相結合這件事,表面上聽起來還頗為簡單,但現實是,將電玩遊戲技術納入機器學習的嚴肅商業世界這樣的想法,嚇跑了超乎想像多的公司和企業。

我們希望這本書能引導您進入這個世界並減輕您的擔憂。本書的三位作者是具有重要電腦科學背景的電玩遊戲開發人員,還有一位是認真的機器學習和資料科學家。我們多年來在各種行業和方法中所建立的綜合觀點和知識,將在這裡為您呈現。

本書將帶您了解可用於建構和訓練機器學習系統的方法和技術,並使用由 Unity 電玩遊戲引擎所產生的資料。本書有兩個不同的領域:模擬(*simulation*)和合成(*synthesis*)。對所有的意圖與目的而言,模擬是指建構會學習在您自己建立的虛擬世界中做某件事的虛擬機器人(稱為代理人(*agent*))。合成是指建構虛擬物件或世界、輸出有關這些物件和世界的資料、並使用它來訓練遊戲引擎之外的機器學習系統。

模擬和合成都是強大的技術,可以為以資料為中心的機器學習和人工智慧提供令人興奮的新方法。

ML 的嶄新世界

我們很快就會了解本書的結構，但首先，以下是本章概要，分為四個部分：

- 在「領域」小節中，我們將介紹本書探索的機器學習領域：模擬和合成。

- 在第 6 頁的「工具」中，我們將了解使用的工具（*Unity* 引擎、*Unity ML-Agents Toolkit*、*PyTorch*、以及 *Unity Perception*）還有它們如何是組合在一起。

- 在第 9 頁的「技術」中，我們將了解用於機器學習的技術：近端策略優化（*proximal policy optimization*, PPO）、柔性演員 - 評論家（*soft actor-critic*, SAC）、行為複製（*behavioral cloning*, BC）、和生成對抗模仿學習（*generative adversarial imitation learning*, GAIL）。

- 最後，在第 13 頁的「專案」中，我們將總結本書中所建構的專案，以及它們與領域和工具的關係。

本章結束時，您將準備好深入模擬和合成的世界，並大致了解遊戲引擎的工作原理，並且您會明白為什麼它是近乎完美的機器學習工具。在本書的最後，您將準備好解決您能想到的任何可以從由遊戲引擎驅動的模擬或合成中受益的問題。

領域

本書的兩大支柱是**模擬**和**合成**。在本節中，我們將準確解釋每個術語的涵義以及本書將如何探索這些概念。

模擬和合成是人工智慧和機器學習未來的核心部分。

許多應用將立即出現在您眼前：將模擬與深度強化學習相結合，以在建構實體產品之前先驗證新機器人的功能；在沒有汽車的情況下建立自動駕駛汽車的大腦；建立您的倉庫並在沒有倉庫（或機器人）的情況下訓練您的取放型機器人（pick-and-place robot）。

其他用途則更為微妙：使用模擬來合成資料以建立人工資料，而不是從真實世界紀錄的資訊，然後用來訓練傳統的機器學習模型；獲取真實的使用者活動，並結合行為複製和模擬，使用它為原本完美的機器學習任務添加生物或人類外觀的元素。

諸如 Unity 之類的電玩遊戲引擎可以以足夠的 依國家教育研究院樂詞網使用 傳真度（fidelity）來模擬足夠多的真實世界，從而可用於基於模擬的機器學習和人工智慧。遊

戲引擎不僅可以讓您模擬足夠多的城市和汽車來測試、訓練、和驗證自動駕駛汽車的深度學習模型，還可以模擬硬體到引擎溫度、剩餘電力、光達（LIDAR）、聲納、X 光等程度。想在您的機器人中加入一個花俏、昂貴的新感測器嗎？在您投資新設備之前，請先試一試，看看它是否可以提高效能。節省金錢、時間、計算能力、和工程資源，並更了解您的問題空間。

獲取足夠的資料真的是不可能，或者不安全嗎？建立一個模擬並測試您的理論吧。廉價、無限的訓練資料終究只是一個模擬而已。

模擬

當我們說著**模擬**時，所指的不是一件具體的事情。在這種情況下，模擬實際上意味著使用遊戲引擎來開發隨後將應用機器學習的場景或環境。在本書中，我們使用模擬作為一個術語來泛指以下內容：

- 使用遊戲引擎來建立具有特定組件的環境，這些組件是一個代理人或一組代理人。
- 賦予代理人移動環境和 / 或其他代理人的能力，或以其他方式與環境和 / 或其他代理人互動或一起工作。
- 將環境連接到機器學習框架以訓練可以在環境中操作代理人的模型。
- 使用經過訓練的模型在未來與環境一起進行操作，或將模型連接到其他具有類似配備的代理人（例如，在真實世界中，使用真實的機器人）。

合成

合成是一件容易確定的事情：在本書的語境（context）中，合成就是使用遊戲引擎來建立看來虛假的訓練資料。例如，如果您正在為超市建構某種影像識別機器學習模型，您可能需要從許多不同的角度以及在許多不同的背景和語境下拍攝一盒特定穀片品牌的照片。

使用遊戲引擎，您可以建立和載入一盒穀片的 3D 模型，然後以不同的角度、背景和傾斜度產生數千張影像（合成它們），並將它們儲存為標準影像格式（例如 JPG 或 PNG）。然後，憑藉大量訓練資料，您可以使用完美標準的機器學習框架和工具箱（例如 TensorFlow、PyTorch、Create ML、Turi Create 或眾多基於 Web 服務的訓練系統之一）並訓練模型來識別您的穀片盒。

然後可以將這種模式部署到，例如，某種手推車上的人工智慧系統，幫助人們購物、引導他們到購物清單上的物品、或者幫助商店員工正確地裝滿貨架並進行庫存預測。

合成就是使用遊戲引擎建立訓練資料，而遊戲引擎通常與訓練過程本身沒有任何關係或只有很少的關係。

工具

本章向您介紹我們將在旅程中使用的工具。如果您不是遊戲開發人員，您將遇到的主要新工具是 Unity。Unity 傳統上是一個遊戲引擎，但現在被稱為即時 3D 引擎。

讓我們一一介紹您將在本書中遇到的工具。

Unity

首先，Unity 是一個遊戲和視覺效果引擎。Unity Technologies 將 Unity 描述為一個*即時 3D 開發平台*。我們不會為您重複 Unity 網站上的行銷素材，但如果您對該公司是如何定位自己感到好奇的話，可以查看他們的網站（*https://oreil.ly/nnVUz*）。

 本書不是來講述 Unity 的基礎知識。這本書的一些作者已經寫了幾本關於這方面的書（從遊戲開發的角度來看）如果您有興趣的話，可以在 O'Reilly Media 找到這些書。作為遊戲開發人員，您無需學習 Unity 即可使用它來進行機器學習的模擬和合成；在本書中，我們將教您剛好夠用的 *Unity* 來有效地完成這件事。

Unity 使用者介面看起來和幾乎所有其他具有 3D 功能的專業軟體套件一樣。我們在圖 1-1 中包含了一個範例螢幕截圖。該介面具有可操作的窗格、用於處理物件的 3D 畫布以及許多設定（setting）。稍後我們將回到 Unity 使用者介面的細節。

您可以在 Unity 說明文件（*https://oreil.ly/zN8xU*）中全面了解它的不同元素。

在本書中，您將使用 Unity 來進行模擬和合成。

圖 1-1　Unity 使用者介面

Unity 引擎帶有一組強大的工具，可讓您模擬重力、力、摩擦、運動、各種感測器等。這些工具正是建構現代電玩遊戲所需的工具集。事實證明，這些也是建立模擬和合成機器學習資料所需的工具集。但鑑於您正在閱讀本書，您可能已經猜到這件事了。

這本書是為 Unity 2021 以及更高版本編寫的。如果您在 2023 年或之後閱讀本書，Unity 可能看起來與我們的螢幕截圖略有不同，但概念和整體流程應該不會有太大變化。總體而言，遊戲引擎傾向於會累積功能而不是刪除，因此您會看到最常見的變化類型是圖示看起來會略有不同以及類似性質的事情。有關可能已更改任何內容的最新說明，請訪問我們為本書所設的專門網站（*https://oreil.ly/1efRA*）。

透過 Unity ML-Agents 的 PyTorch

如果您在機器學習領域，可能聽說過 PyTorch 開源專案。作為學術界和產業界最受歡迎的機器學習平台和生態系統之一，它幾乎無處不在。在模擬和合成領域，事情沒有什麼不同：PyTorch 還是首選框架之一。

在本書中，我們所探索的底層機器學習將主要透過 PyTorch 來完成。我們不會深入研究 PyTorch，因為我們會使用 PyTorch 來進行的大部分工作，並將會透過 Unity ML-Agents Toolkit 來進行。我們很快就會討論 ML-Agents Toolkit，但基本上您需要記住的是 PyTorch 是推動 Unity ML-Agents Toolkit 所做工作的引擎。它一直都在引擎蓋下，所以如果需要，或者您知道在做什麼時，就可以修改它，但大多數時候您根本不需要碰觸它。

> 我們將在本節的剩餘部分討論 Unity ML-Agents Toolkit，因此如果您需要複習 PyTorch，我們強烈推薦 PyTorch 網站（*https://pytorch.org*），或 O'Reilly Media 出版的有關該主題的眾多優秀書籍。

PyTorch 是一個支援使用資料流圖（data flow graph）來執行計算的程式庫。它支援使用 CPU 和 GPU（以及其他專門的機器學習硬體）來進行訓練和推理，並且可以在強大的 ML 優化伺服器到行動裝置的各種平台上運行。

> 因為在本書中您將使用 PyTorch 所進行的大部分工作都是抽象化的，所以我們很少會談論 PyTorch 本身。因此，雖然它幾乎是我們將要探索的所有內容的背景工具，但您使用它的主要介面將是透過 Unity ML-Agents Toolkit 和其他工具。

我們將透過 Unity ML-Agents 來使用 PyTorch 以進行本書中的所有模擬活動。

Unity ML-Agents Toolkit

Unity ML-Agents Toolkit（相對於 Unity 品牌，我們很多時候將它縮寫為 *UnityML* 或 *ML-Agents*）是您將在本書中進行的工作支柱。ML-Agents 最初是作為一個簡單的實驗性專案發布，並逐漸發展為包含一系列功能，使 Unity 引擎能用作訓練和探索智慧型代理人和其他機器學習應用程式的模擬環境。

這是一個開源專案，附帶了許多令人興奮且經過深思熟慮的範例（如圖 1-2 所示），並且可以透過其 GitHub 專案（*https://oreil.ly/JPkQ8*）免費獲得。

圖 1-2　Unity ML-Agents Toolkit 的「英雄影像」，展示了 Unity 的一些範例角色

如果這還不夠明顯，我們將在本書的所有模擬活動中使用 ML-Agents。並且將在第 2 章中向您展示如何在您自己的系統上啟動和執行 ML-Agent。不要急於安裝它！

Unity Perception

Unity Perception 套件（我們在很多時候將其縮寫為 *Perception*）是我們將用來產生合成資料的工具。Unity Perception 為 Unity Editor 提供了一系列附加功能，允許您適當地設定場景以建立假資料。

和 ML-Agents 一樣，Perception 是一個開源專案，您可以透過其 GitHub 專案（*https://oreil.ly/KbvHj*）來找到它。

技術

ML-Agents Toolkit 支援使用強化學習（*reinforcement learning*）和模仿學習（*imitation learning*）技術中的其中一種或其組合來進行訓練。它們每一個都允許代理人透過反復的嘗試錯誤（或「強化」）來「學習」所需的行為，並最終收斂在符合所提供的成功準則的理想行為。這些技術之間的不同之處在於準則，這些準則將用於評估和優化代理人的效能。

強化學習

強化學習（RL）是指採用外顯式獎勵的學習過程。由實作來決定為可取的行為獎勵「積分」，並為不受歡迎的行為扣分。

此時您可能會想，如果我還必須告訴它什麼該做、什麼不該做，那麼機器學習的意義何在？但是，讓我們以教導雙足代理人走路為例。為了步行所需的每個狀態變化而給出的一組明確指令（也就是每個關節應該依順序旋轉的確切程度）將會是大量且複雜的。

但是，透過在代理人往終點線移動時給幾分、到達終點時給很多分、跌倒時給負分、還有數十萬次的嘗試來讓它正確移動，它將能夠自己弄清楚其中的細節。因此，RL 的強大之處在於能夠給出以目標為中心的指令，而這需要複雜的行為才能達成。

ML-Agents 框架附帶了兩種不同的內建 RL 演算法的實作：近端策略優化（*proximal policy optimization*, PPO）和柔性演員 - 評論家（*soft actor-critic*, SAC）。

請注意這些技術和演算法的首字母縮寫詞：RL、PPO 和 SAC。請記住它們。我們將在本書中經常使用。

PPO 是一種功能強大的泛用 RL 演算法，已被反復證明在一系列應用程式中非常有效且通常很穩定。PPO 是 ML-Agents 中使用的預設演算法，本書的大部分內容都將使用它。稍後我們將更詳細地探討 PPO 的工作原理。

近端策略優化由 OpenAI 團隊建立並於 2017 年首次亮相。如果您有興趣深入了解其中細節，可以閱讀 arXiv（*https://oreil.ly/JHfhI*）上的原始論文。

SAC 是一種離策略（*off-policy*）的 RL 演算法。我們稍後會了解這意味著什麼，但就目前而言，它通常會減少所需的訓練週期數，代價是增加記憶體需求。與 PPO 等同策略（*on-policy*）方法相比，這使其成為慢速訓練環境的更好選擇。我們將在本書中使用一次或兩次的 SAC，當我們談論到時，將更詳細地探討它是如何運作的。

柔性演員 - 評論家由伯克萊人工智慧研究（Berkeley Artificial Intelligence Research, BAIR）小組建立，於 2018 年 12 月首次亮相。有關它的詳細資訊，您可以閱讀原始發行版本的說明文件（*https://oreil.ly/7kNmg*）。

模仿學習

和 RL 類似，模仿學習（*imitation learning*, IL）免除了定義複雜指令的需要，有利於簡單地設定目標。然而，IL 也免除了定義明確目標或獎勵的需要。取而代之的是，給出了一個示範（通常是一個由人類手動控制的代理人的紀錄）並且獎勵**本質**上是基於代理人模仿所示範的行為來定義的。

這對於那些期望行為是非常具體的，或者絕大多數可能的行為都是不受期望的複雜領域非常有用。使用 IL 來進行訓練對於多階段目標也非常有效 —— 代理人需要以特定順序來達成中間目標才能獲得獎勵。

ML-Agent 框架附帶了兩種不同的內建 IL 演算法的實作：行為複製（*behavioral cloning*, BC）和生成對抗模仿學習（*generative adversarial imitation learning*, GAIL）。

BC 是一種 IL 演算法，可以訓練代理人去精確模仿所示範的行為。在這裡，BC 只負責定義和分配內在獎勵；既有的 RL 方法（例如 PPO 或 SAC）被用於其下的訓練過程。

GAIL 是一種生成對抗方法，適用於 IL。在 GAIL 中，兩個獨立的模型在訓練過程中相互競爭：一個是代理人行為模型，它會盡力去模仿所給定的示範；另一個是鑑別器（discriminator），它反復地扮演由人類驅動的示範者行為片段，或由代理人驅動的模型行為片段，並且必須猜測它是其中哪一個。

GAIL 起源於 Jonathan Ho 和 Stefano Ermon 的論文「Generative Adversarial Imitation Learning」（*https://oreil.ly/bokpR*）。

隨著鑑別器在識別模仿者這方面變得更好，代理人模型必須改進才能再次欺騙它。同樣的，隨著代理人模型的改進，鑑別器必須建立越來越嚴格或細緻入微的內部準則來識別假貨。在這種來回中，它們都被迫進行迭代式的改進。

行為複製通常是使用在應用的最佳方法，因為在這些應用中可以示範出代理人所有（或幾乎所有）可能發現的條件。相反的，GAIL 能夠推斷出新的行為，從而可以從有限的示範中學習模仿。

BC 和 GAIL 也可以一起使用，通常是在早期訓練中使用 BC，然後將部分的訓練行為模型配置為 GAIL 模型中代理人的那一半。從 BC 來開始通常會使代理人在早期訓練中快速改善，而在後期訓練中切換到 GAIL 將允許它發展超出所示範的行為。

混合學習

儘管單獨使用 RL 或 IL 幾乎總是能解決問題，但它們也可以結合使用。然後可以透過達成目標時的外顯式定義的獎勵還有進行有效模仿時的內隱式獎勵來獎勵代理人及其行為。兩者的權重甚至可以調整，以便可以訓練代理人將其中之一作為主要目標或兩者皆作為同等重要的目標。

在混合訓練中，IL 示範有助於在訓練早期將代理人置於正確的路徑上，而外顯式的 RL 獎勵則鼓勵在此路徑內或之外的特定行為。這件事在理想代理人應該要能夠勝過人類示範者的那些領域中是必要的。由於早期的手把手訓練，同時使用 RL 和 IL 進行訓練可以顯著地加快訓練代理人來解決複雜問題，或在獎勵稀少的場景中對複雜環境進行導航的速度。

稀疏獎勵環境（*sparse-reward environment*）就是那些代理人會獲得外顯式獎勵特別少的環境。在這樣的環境中，代理人會「意外地」偶然發現一個值得獎勵的行為（並因此收到它應該做什麼的第一個指示）所花費的時間可能會浪費大量可用的訓練時間。但結合了 IL 之後，該示範可以告知可獲得外顯式獎勵的理想行為。

這些方法共同產生了一個複雜的獎勵方案，可以鼓勵代理人進行高度特定的行為，但是需要如此複雜等級才能使代理人成功的應用並不多。

技術總結

本章是對概念和技術的介紹性總覽，在本書課程中您將接觸和使用我們在這裡所看到的每一種技術。在這樣做的過程中，您將更加熟悉它們每一個在實際意義上是如何工作的。

要點如下：

- Unity ML-Agents Toolkit 目前提供了兩個類別的一系列訓練演算法：
  — 對於強化學習（RL）：近端策略優化（PPO）和柔性演員 - 評論家（SAC）
  — 對於模仿學習（IL）：行為複製（BC）和生成對抗模仿學習（GAIL）
- 這些方法可以單獨使用或一起使用：
  — RL 可以單獨與 PPO 或 SAC 一起使用，也可以與 IL 方法（如 BC）結合使用。
  — BC 可以作為使用 GAIL 的方法的一個步驟來單獨使用，或與 RL 結合使用。
- RL 技術需要一組已定義的獎勵。
- IL 技術需要某種形式的示範。
- RL 和 IL 都是在*做中學*（*learn by doing*）。

在本書對模擬主題其餘部分的探索中，我們將會接觸到或直接使用所有這些技術。

專案

本書是一本實用、務實的作品。我們希望您儘快啟動並執行模擬和合成，並且我們假設您希望儘可能聚焦於實作。

因此，雖然我們經常在探索背後的真相，但本書的精髓在於我們將共同建構的專案。

本書中實用的、基於專案的那方面區分成之前討論的兩個領域：模擬和合成。

模擬專案

我們的模擬專案將是各式各樣的：當您在 Unity 中建構模擬環境時，存在於環境中的代理人可以透過多種方式來*觀察*和*感知*其世界。

有一些模擬專案將會使用一個使用了向量觀察值（*vector observation*）來觀察世界的代理人：向量觀察值也就是數字。不論您想送出的是什麼數字。從字面上看，也就是任何您喜歡的東西。實際上，向量觀察值通常像是代理人與某物的距離或其他位置資訊之類的東西。但實際上，任何數字都可以是一個觀察值。

有一些模擬專案將使用透過視覺觀察值（*visual observation*）（也就是圖片！）來觀察世界的代理人。因為 Unity 是一個遊戲引擎，而遊戲引擎和電影一樣，都有相機（*camera*）的概念，所以您可以簡單地在您的代理人上（虛擬地）安裝相機，並讓它存在於遊戲世界中。然後可以將來自這些相機的視圖輸入到您的機器學習系統中，讓代理人根據相機的輸入來了解其世界。

我們將使用 Unity、ML-Agents、和 PyTorch 來進行的模擬範例包括：

- 第 2 章，一個可以自己滾向目標的球（我們知道，這聽起來太不可思議了，但確實如此！）。
- 第 4 章，可以將方塊推入目標區域的立方體。
- 第 5 章中一輛可以在軌道上行駛的簡單自動駕駛汽車。
- 第 6 章，尋找硬幣的球，透過模仿人類的示範來進行訓練。
- 第 8 章，一種彈道發射器代理人，可以使用課程學習（curriculum learning）向目標發射球。
- 第 9 章，一組立方體，它們會協同工作將方塊推向目標。
- 第 10 章，訓練代理人使用視覺輸入（也就是相機）而不是精確測量地將球平衡在自己的上面。
- 第 11 章，使用 Python 來連接和操作 ML-Agent。

合成專案

我們的合成專案將比我們的模擬專案還少，因為這領域相對更簡單一些。我們專注於利用 Unity 所提供的素材來展示模擬的可能性。

我們將使用 Unity 和 Perception 來進行的合成範例包括：

- 第 3 章，使用隨機投擲和放置的骰子的影像產生器。
- 第 13 章，透過改變骰子的地板和顏色來改進骰子影像產生器。
- 第 14 章，產生超市產品的影像以允許對具有複雜背景和隨意定位的影像進行非 Unity 訓練。

一旦您產生了合成資料，我們就不會再聚焦於實際的訓練過程，因為有很多很多關於這個主題的好書和線上貼文，本書就不再贅述。

總結和後續步驟

您已經邁出了第一步，本章包含了一些必需的背景素材。從這裡開始，我們將透過**實踐**來教您。這本書的標題中有「**實用**」一詞是有原因的，我們希望您藉由建構自己的專案來感受模擬和合成。

 您可以在本書的專門網站（*https://oreil.ly/1efRA*）上找到每個範例的程式碼 —— 建議您只在必要時才去下載程式碼。我們還將根據您應該需要注意的任何變更來使網站保持最新狀態，因此請將它加入您的書籤！

下一章中，我們將了解如何建立您的第一個模擬，實作一個代理人以在其中做某件事，以及使用強化學習來訓練一個機器學習系統。

第 2 章

建立您的第一個模擬

我們將從一個簡單的模擬環境（*simulation environment*）開始：一個可以在平台上滾動的球代理人。正如之前所說，要處理的事情很多，但我們認為您能夠從激動中冷靜下來，並透過 Unity 來更理解機器學習和模擬。

每個人都記得他們的第一次模擬

在本章中，我們將使用 Unity 來建構一個全新的模擬環境、建立一個代理人、然後使用強化學習來訓練此代理人以在環境中完成一項任務。這將是一個非常簡單的模擬環境，但它會展示一些重要的事情：

- 使用少量的簡單物件在 Unity 中組裝場景會是多麼簡單。

- 如何使用 Unity Package Manager 來將 Unity ML-Agents Toolkit 的 Unity 端匯入 Unity 並設定 Unity 專案來進行機器學習。

- 如何在您的模擬物件中設定一個簡單的代理人，以使其能夠完成任務。

- 如何手動控制您的代理人來測試模擬環境。

- 如何使用 Unity ML-Agents Toolkit 的命令行工具（CLI）開始訓練執行，以及如何啟動 TensorBoard 來監控訓練進度。

- 如何將經過訓練的模型檔案帶回 Unity 模擬環境，並使用經過訓練的模型來執行代理人。

在本章結束時，您將會熟悉 Unity 並使用 ML-Agents Toolkit 來深入研究更深度、更複雜的問題。

 本章和隨後的一些章節不會剝開底層的機器學習演算法的層級（還記得本書標題中的實用一詞嗎？），但我們將開始研究機器學習演算法的工作原理，我們保證。

我們的模擬

我們的第一個模擬看似簡單：有一個小環境，裡面有一個球，放在位於虛空中的一片地板上。球可以滾動，也可能會從地板上掉出去並進入虛空。它將是唯一可以被控制的元素：它可以由使用者（也就是我們，為了測試的目的）和強化學習 ML-Agents 系統來控制。

因此，球將充當我們的代理人（agent），其目標是儘快地到達目標（goal）而不會從地板（floor）上掉下去。我們將建構的模擬環境如圖 2-1 所示。

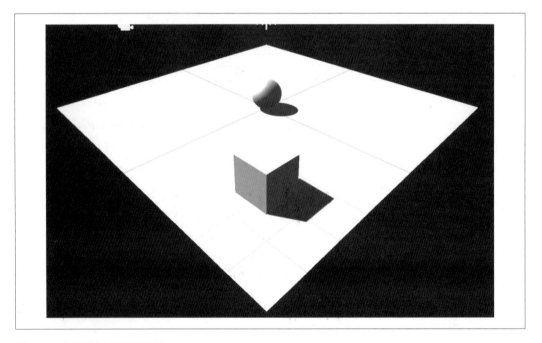

圖 2-1　我們將要建構的模擬

概括地說，要建立任何模擬環境並訓練一個或多個代理人在其中進行操作的步驟如下：

1. 在 Unity 中建構環境：環境是包含物件的物理模擬。

2. 實作機器學習元素：也就是，我們需要一個能在環境中操作的代理人。

3. 實作程式碼，告訴代理人如何觀察環境、如何在環境中執行動作、如何計算它在環境中的行為可能會獲得的獎勵、以及當它的任務成功或失敗時如何重設它自己或環境。

4. 在環境中訓練代理人。

我們將在本章中執行每一個步驟。

設定

有關模擬和機器學習所需工具的概要和討論，請參閱第 1 章。本節將簡要概述完成此特定活動所需的點點滴滴。

具體來說，要完成本章中的活動並建構簡單的模擬環境，您需要執行以下操作：

1. 安裝 *Unity 2021* 或更高版本。這本書並不是為了教您 Unity 的基礎知識（如果您熱衷於此，我們有寫了一本很棒的書），但值得注意的是，Unity 所喜歡的安裝方式比本書目前用來教學的基礎素材變化地更頻繁，因此我們建議您查看 Unity 網站（*https://oreil.ly/sEa5n*）上的 Unity 安裝指南，以了解有關安裝 Unity 的最新資訊。先跳到那裡，安裝正確版本的 Unity 之後，然後再回來。我們還會在這裡。

> 雖然 Unity ML-Agents Toolkit 可以和任何高於 2018.4 的 Unity 版本配合使用，但我們建議您安裝最新的 2021 版 Unity。您可能會找到 Unity 的 2021 LTS 版本。LTS 代表長期支援（Long Term Support），它是 Unity 團隊在指定時段內會維護的 Unity 版本，其中包含臭蟲（bug）和安全性修復。如果您出於生產目的這樣做的話，一旦完成學習（如果真的有完成學習這種事情的話），那麼把它當作是您的工作基礎將是一個安全的選擇。您可以在 Unity 說明文件（*https://oreil.ly/1mtHI*）中了解有關 Unity LTS 版本的更多資訊。

2. 安裝 *Python*。您需要安裝比 Python 3.6.1 更新或等於它且早於 Python 3.8（但不包括）的 Python 版本。如果您沒有偏好或沒有現有的 Python 環境，我們建議您安裝 Python 3.7.8。正如我們在第 1 章中所討論的，Unity ML-Agents Toolkit 的大部分內容都依賴於 Python。

在撰寫本文時，Unity ML-Agents Toolkit 並不支援 Python 3.8。您需要使用 Python 3.6.1 或更新的版本，或任何版本的 Python 3.7。如果您使用的是 Windows，則還需要 x86-64 版本的 Python，因為該工具箱與 x86 版本不相容。如果您在花俏的 Apple Silicon macOS 裝置上執行的話，您可能會想要在 Rosetta 2 下執行 Python，但它也可能適用於 Python 的 Apple Silicon 建構。在這個層面上，事情變化的很快。請查看本書的網站（*https://oreil.ly/1efRA*），並了解有關 Apple Silicon 和 Unity 模擬的最新資訊。

要安裝 Python，請前往 Python 下載網頁（*https://oreil.ly/5dPG8*）並獲取特定作業系統的安裝程式。如果您不想直接用這種方式來安裝 Python，也可以使用您的作業系統的套件管理器（如果有的話），或者功能齊全的 Python 環境（我們蠻喜歡 Anaconda 的），只要您安裝的 Python 版本符合我們剛才提到的版本和架構版本。

您還需要確保您的 Python 安裝有附帶 Python 套件管理器 pip（或 pip3）。如果您遇到問題，Python 說明文件（*https://oreil.ly/T8c4j*）可能會對此有所幫助。

我們強烈建議您為 *Unity ML-Agents* 工作使用虛擬環境（*venv*）。要了解有關建立 venv 的更多資訊，您可以按照 Python 說明文件（*https://oreil.ly/qQPZj*）中的說明進行操作，或者按照我們接下來簡介的基本步驟來進行操作。

如果您有在您的機器上設定 Python 的偏好方式，那就請那樣做吧。我們不是來告訴您該如何過您的生活。如果您對 Python 感到滿意的話，那麼實際上需要做的就是確保遵守了 ML-Agents 的版本限制、安裝正確的套件、並在需要時執行它。眾所周知，Python 在多個版本中並不是弱不禁風的，對吧？（作者註：我們是澳洲人，所以應該用澳洲腔來閱讀，並帶著尊重的諷刺意味。）

您可以像這樣建立一個虛擬環境：

```
python -m venv UnityMLVEnv
```

 我們建議將其命名為 UnityMLVEnv 或類似名稱。但如何命名是您的選擇。

您可以像這樣啟動它：

```
source UnityMLVEnv/bin/activate
```

3. 安裝 *Python* mlagents 套件。一旦您有了 Python 和一個讓 Unity ML-Agents 能夠執行的虛擬環境，透過在 venv 中輸入以下命令來安裝 Python mlagents 套件：

```
pip3 install mlagents
```

 讓 Python 套件管理器 pip 來獲取和安裝 mlagents 並且安裝 mlagents 的所有依賴項，其中也包括了 TensorFlow。

4. 複製或下載 *Unity ML-Agents Toolkit GitHub* 儲存庫。您可以透過輸入以下命令來複製儲存庫：

```
git clone https://github.com/Unity-Technologies/ml-agents.git
```

我們在很大程度上假設您是那個因為開發目的而選擇作業系統的經驗豐富使用者。如果您需要完成這些設定步驟的相關指導，請不要絕望！我們建議您查看說明文件（*https://oreil.ly/xFL3F*）以了解最新情況。

完成上述四個步驟後，您就完成了 Python 相關的設定要求。接下來我們將看看 Unity 的要求。

建立 Unity 專案

建立模擬環境的第一步是建立一個全新的 Unity 專案。Unity 專案與任何其他開發專案非常相似：它是 Unity 宣告為一個專案的檔案、資料夾、和*事物*的集合。

我們的螢幕截圖來自 macOS，因為那是我們平常使用的主要環境。在本書中使用的所有工具都適用於 macOS、Windows 以及 Linux，因此請隨意使用您喜歡的作業系統。我們將盡最大努力指出 macOS 與其他作業系統之間的任何明顯差異（但就我們所做的而言，差異並不多）。我們已經在所有受支援的平台上測試了所有活動，且一切正常（在我們的機器上）。

要建立專案，請確保您已完成所有設定步驟，然後執行以下操作：

1. 打開 Unity Hub 並建立一個新的 3D 專案。如圖 2-2 所示，我們將其命名為「BallWorld」，但請隨意發揮您的創意來命名。

圖 2-2　為我們的新環境建立 Unity 專案

2. 選擇 Window 選單 → Package Manager，使用 Unity Package Manager（*https://oreil.ly/VTwnY*）來安裝 ML-Agents Toolkit 套件（`com.unity.ml-agents`），如圖 2 -3 所示。

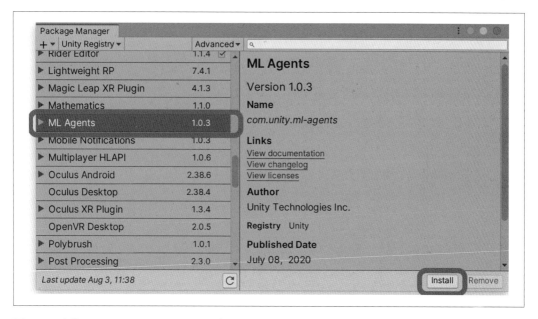

圖 2-3　安裝 Unity ML-Agents Toolkit 套件

 就像現在的所有東西一樣，Unity 有一個套件管理器。它實際上非常好，但也像現在的所有東西一樣，它有時會有點脆弱。如果您遇到問題，請重新啟動 Unity 並再試一次，或嘗試下一則說明中所解釋的手動安裝過程。

下載和安裝軟體套件可能需要一些時間。下載完成後，您會看到 Unity 匯入它，如圖 2-4 所示。

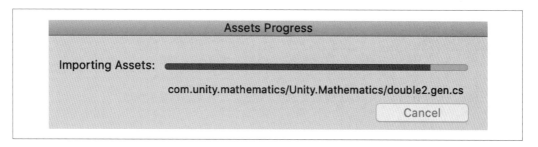

圖 2-4　由 Unity 匯入的 ML-Agents 套件

如果您想手動安裝軟體套件，或者由於某種原因（例如公司政策）而使得 Unity Package Manager 不能成為一個選項，您也可以：

a. 透過選擇名為 Window 的選單 → Package Manager 來打開套件管理器。

b. 單擊套件管理器中的 + 按鈕，然後選擇「Add package from disk...」。

c. 在第 19 頁的「設定」中所複製的 Unity ML-Agents Toolkit 副本中找到 com. unity.ml-agents 資料夾。

d. 選擇 *package.json* 檔案。

相關更多資訊，請查看有關從本地端資料夾來安裝套件的 Unity 說明文件（*https://oreil.ly/XArSA*）。

3. 確認在 Project 視圖的 Packages 下有一個 ML Agents 資料夾，如圖 2-5 所示。

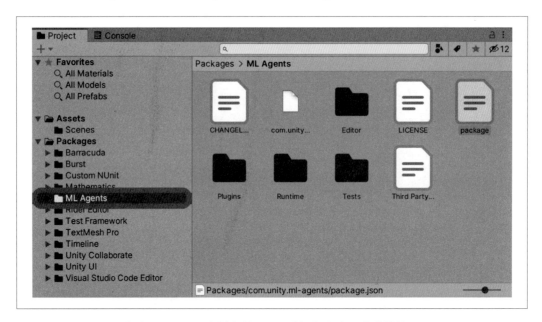

圖 2-5　如果您可以看到 ML Agents 資料夾的話，那麼這個專案已準備就緒了

您的專案已準備就緒了。建議您在此時把它推送到某種原始碼控制中，或者將它複製成本書中所有 ML-Agent 工作的新起點。

每次您想在 Unity 中建立一個全新的模擬環境時，都需要這個由 Unity 提供支援的基本起點。換句話說，您需要打開一個安裝了 Unity 套件的全新 Unity 專案，並且為您將處理的每個 ML-Agents 專案執行此操作。Python 設定實際上是一次性的，它設定了您機器上可用的 Python 組件，但 Unity 設定需要針對您要使用的每個專案分別進行。

一路直下地使用套件

哪個組件又是哪個組件可能會有些混亂，因為有許多名稱相似的東西。在我們繼續之前，讓我們把它稍微解開。

實際上這裡有三組東西在起作用，您可以想像它們被稱為「ML-Agents 套件」。它們是：

- mlagents Python 套件。這是一個 Python 套件，我們之前使用了 Python 套件管理器（package manager）pip3 來安裝它。它是 Unity ML-Agents Toolkit 的一部分，會透過 Python Package Index（*https://pypi.org/project/mlagents*）發布（就是您之前使用 pip3 安裝它的方式）。當我們談論這個 *Python* 套件時，將其稱為 mlagents。

- com.unity.ml-agents *Unity* 套件。您可以透過 Unity Package Manager 來安裝此套件，就像我們在第 21 頁的「建立 Unity 專案」小節中所做的那樣。它也是 Unity ML-Agents Toolkit 的一部分，並透過 Unity Package Manager 來發布（可以透過兩種方式將其安裝到 Unity 專案。其一是透過自動化過程，您可以使用 Unity Package Manager 介面從套件列表中選擇它，其二是手動方式，您要為 Unity Package Manager 提供一個 Git URL，其中會包含正確格式的 Unity 套件）。當我們談論這個 *Unity* 套件時，會將其稱為 com.unity.ml-agents、ML-Agents、Unity ML-Agents 套件、或 ML-Agents Toolkit。這個套件允許您在 Unity Editor 和將在 Unity 中編寫的 C# 程式碼中使用 ML-Agents 的功能。

您安裝了 mlagents Python 套件、又安裝了 Unity ML-Agents 套件、還複製了 ML-Agents 儲存庫的本地端副本，這是因為它們每一個都安裝了一組不同的東西。Python 套件使您能夠在終端機中執行某些命令來訓練代理人、複製的 Git 儲存庫為您提供有用的範例程式碼和資源集合、Unity 套件為您提供製作代理人和 Unity 場景中的其他 ML-Agents（或相關）組件。它們每個都很有用。

- *Unity ML-Agents Toolkit GitHub* 儲存庫的複製副本。這是 GitHub 儲存庫內容的本地端副本，我們建議您複製或下載它，因為它包含了有用的說明文件、範例檔案等。當我們提到它時，我們會將它稱為「您的 ML-Agents 儲存庫的本地端副本」或類似的東西。

 如果您正在執行 Apple Silicon，則可以使用 Unity 的 Apple Silicon 建構，但在 Intel 環境中您需要使用 Python。最簡單和最懶惰的方法是在 Rosetta 下執行您的終端機應用程式，但也有其他方法。討論 Apple Silicon 上的 Python 超出了本書的範圍，但如果您面臨的是這種情況，網上有很多資源。請記住：在 macOS 上，Unity 可以是其中任一平台，但在 Intel 中一定要用 ML-Agents 和 Python（對於這個使用案例而言）。

環境

完成基本設定後，是時候在 Unity Editor 中真正開始建構您的模擬環境了。

這涉及在 Unity 中建立一個用來當作模擬環境的場景。我們正在建構的模擬環境有以下要求：

- 一個供代理人四處走動的地板（*floor*）。
- 給代理人尋找的目標（*target*）。

我們還需要建立代理人本身，但我們將在第 29 頁的「代理人」小節中介紹。

地板

地板是代理人將四處走動的地方。它的存在是因為我們的代理人存在於 Unity 的物理模擬引擎中，如果沒有地板，它就會掉到地上。

 Unity 中的地板概念並沒有什麼特別之處。我們只是選擇使用平面作為地板，但我們可以使用物理系統中存在的任何物件，只要它大到足以成為地板。

要建立地板，請確保開啟了 Unity 場景，然後按照以下步驟操作：

1. 開啟 GameObject 選單 → 3D Object → Plane。單擊您在 Hierarchy 視圖中建立的新平面，並使用 Inspector 視圖將其名稱設定為「Floor」或類似名稱，如圖 2-6 所示。這是我們的地板。

2. 點選地板後，使用 Transform Inspector 將其旋轉（rotation）設定為 (0, 0, 0)、將其位置（position）設定為 (0, 0, 0)、將其縮放（scale）設定為 (1, 1, 1)，如圖 2-7 所示。我們這樣做是為了確保地板位於合理的位置和方向，並且有足夠的大小。這些值可能已經是預設值了。

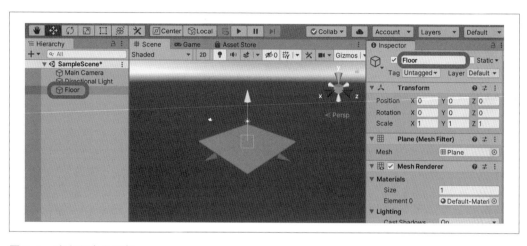

圖 2-6　建立和命名地板

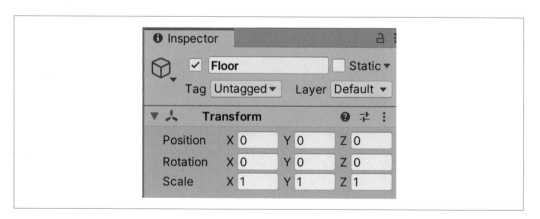

圖 2-7　設定地板的轉換

如果您在建立 Unity 場景時需要一些幫助，請查看 Unity 說明文件（*https://oreil.ly/yrzzq*）。重點是場景包含了物件，而且您可以使用 Assets → Create → Scene 選單來建立一個新物件。

這就是我們需要為地板所做的所有事情。我們不需要建立一個空的虛空，因為 Unity 已經很方便地為我們提供了一個（也就是每個場景都只是一個虛空，除了您添加到其中的東西之外）。請不要忘記使用「File」選單來儲存您正在處理的場景。

 您可以將預設場景重新命名為「SampleScene」以外的名稱，方法是在 Project 視圖中找到它，右鍵單擊它，然後選擇 Rename。

目標

目標是我們的代理人將在地板上尋找的東西。同樣的，Unity 並沒有針對目標的特殊概念。我們只是稱呼正在製作的立方體為目標，由於我們對這個場景和模擬的規劃，所以它與上下文相關。

要在場景中建立目標，請執行以下步驟：

1. 開啟 GameObject 選單 → 3D Object → Cube。和地板一樣，單擊 Hierarchy 視圖中的新立方體，並使用 Inspector 將其名稱設定為「Target」或類似的名稱，如圖 2-8 所示。這將成為目標，而且正如您所見，這是一個非常引人注目的目標！它可能會有部分嵌入地板中。

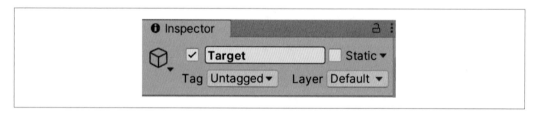

圖 2-8　建立和命名目標

2. 選擇目標時，就像我們對地板所做的那樣，使用 Transform Inspector 來設定它的位置、旋轉、以及縮放。這種情況下的值應該分別類似於 (3, 0.5, 3)、(0, 0, 0)、和 (1, 1, 1)，如圖 2-9 所示。

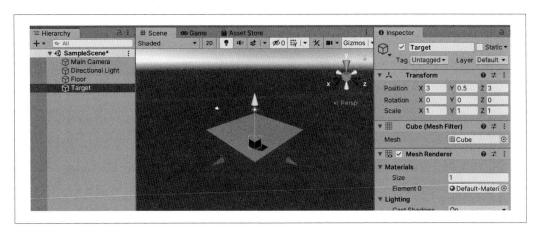

圖 2-9　到目前為止對目標和環境的轉換

這就是我們需要為目標做的所有事情。此時，您的環境應該類似於圖 2-9。不要忘記再次儲存您的場景。

代理人

下一步是建立代理人。代理人是在環境中移動的**東西**。在這裡將是一個會滾動並尋找目標的球體。

按照以下步驟來建立代理人：

1. 開啟 GameObject 選單 → 3D Object → Sphere。將球體命名為「Agent」或類似名稱。

2. 使用 Inspector 將轉換的位置、旋轉、和縮放分別設定為 (0, 0.5, 0)、(0, 0, 0)、和 (1, 1, 1)。您的代理人應該像我們的一樣放在地板上，如圖 2-10 所示。

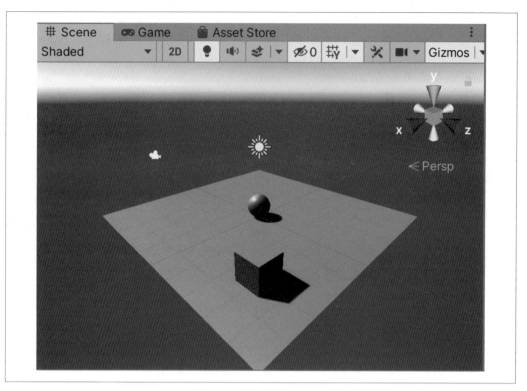

圖 2-10　場景中的代理人

3. 使用代理人的 Inspector 底部的 Add Component 按鈕，如圖 2-11 所示，向代理人添加一個 Rigidbody 組件。您無需更改 Rigidbody 組件上的任何內容。

圖 2-11　Add Component 按鈕

這就是代理人的實體方面的一切。接下來，我們需要給代理人一些邏輯，並促進它與機器學習方面的連接：

1. 選擇代理人，透過 Inspector 的 Add Component 按鈕來添加一個新的 Script 組件，如圖 2-12 所示。將腳本命名為「BallAgent」，然後單擊「Create and Add」。

圖 2-12　為代理人建立腳本

您應該會在它的 Inspector 中看到附加到您的代理人的新的 Script 組件，如圖 2-13 所示。

圖 2-13　腳本附加到代理人

2. 在 Unity Project 視圖中雙擊 BallAgent 腳本，在程式碼編輯器中開啟該腳本。

基本上，使用 Unity ML-Agents 建構的代理人需要附加一個腳本，用來告訴 Unity 它的父類別是 Agent，這是由 ML-Agents Unity 套件所提供的類別。作為 Agent 的子類別意味著我們必須實作或覆寫 Unity ML-Agents 套件提供的某些方法。這些方法使我們能夠控制和使用代理人以達成機器學習目的。

3. 開啟腳本後，將以下程式碼添加到頂部，在 using UnityEngine; 那行的下面：

```
using Unity.MLAgents;
using Unity.MLAgents.Sensors;
```

這幾行會匯入我們已匯入的 ML-Agents Unity 套件的適當部分，並允許我們在程式碼中使用它們。

4. 找到 Update() 方法並刪除它。我們不會在這個模擬中使用它。

5. 找到 BallAgent 類別的定義，並把這行：

```
public class BallAgent : MonoBehaviour
```

改成這行：

```
public class BallAgent : Agent
```

這使得我們的新類別 BallAgent 成為 Agent（來自 ML-Agents）的子類別，而不是預設的 MonoBehaviour（這是大多數非 ML 的 Unity 物件的父類別）。

這些是使用 Unity 在模擬環境中設定代理人的基礎知識。接下來需要添加一些邏輯，讓我們的代理人能夠在這個地方（嗯，地板）滾動。在這樣做之前，我們要將到目前為止製作的三個物件分組。

將在程式碼編輯器中的程式碼儲存，然後切換回 Unity Editor，並在您的場景中執行以下操作：

1. 開啟 GameObject 選單 → Create Empty 來建立一個空的 GameObject。

2. 選擇空的 GameObject 並使用 Inspector 將其命名為「Training Area」。

 當您重新命名某些內容時，無需使用 Inspector 視圖，您只需在 Hierarchy 視圖中選擇它，然後按 Return/Enter 鍵即可在 Hierarchy 視圖中進入名稱的編輯模式。再次按 Return/Enter 以儲存您的新名稱。

3. 將 Training Area 的 GameObject 的位置、旋轉、和縮放分別設定為 (0, 0, 0)、(0, 0, 0)、和 (1, 1, 1)。

4. 在 Hierarchy 中，將地板、目標、和代理人拖曳到 Training Area。您的 Hierarchy 現在應該如圖 2-14 所示。執行此操作時，場景中的任何內容都不應改變位置。

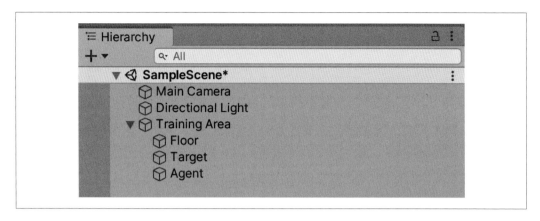

圖 2-14　Training Area

完成後不要忘記儲存場景。

啟動和停止代理人

我們將使用強化學習來訓練這個代理人。在我們的 Unity 環境中進行強化學習的訓練涉及到代理人嘗試到達立方體的許多情節（*episode*）。在每一段情節中，如果代理人做了我們想讓它做的事情，我們希望透過獎勵來強化這種行為，但如果它做了我們不希望它做的事情時剛好相反。

一個情節會一直執行，直到代理人未能完成任務為止（在這種情況下，要不然就是從地板上掉進虛空，要不然就是用完預先定義的時間），或者透過達到目標來完成任務。

在每一段情節開始時，呼叫 Agent 上名為 OnEpisodeBegin() 的 C# 方法來初始化新情節的模擬環境。此方法會設定情節的環境。在大多數情況下，您將使用它來隨機化環境元素，以促進代理人學習在一系列條件下如何成功完成任務。

對於我們的情境，在一段情節開始時的要求是：

- 確保球代理人會在地板上的某個地方，而不是掉入深淵中。
- 將目標移動到地板上的隨機位置。

為了滿足第一個要求，我們需要存取代理人的 Rigidbody 組件。Rigidbody 組件是讓 Unity 在其物理系統可以模擬物件的作法的一部分。

在 Unity 手冊（*https://oreil.ly/VqNjd*）中了解有關 Unity Rigidbody 組件的更多資訊。

再次開啟 BallAgent 腳本。由於我們需要重設代理人的速度（如果它掉入深淵時），並且最終還要在地板上移動它，我們需要存取它的 Rigidbody：

1. 我們這裡需要的 Rigidbody 位於這份腳本將被附加到的同一個物件上（不像剛才需要進行的目標的轉換），所以我們可以在腳本的 Start() 方法中取得對它的參照。

    首先，當我們取得參照時，需要在某個地方儲存它。在 Start() 方法的上方添加以下內容（在類別內部，但在方法的外部和上方）：

    ```
    Rigidbody rigidBody;
    ```

2. 接下來，在 Start() 方法中，添加以下程式碼以請求對附加到腳本所附加的物件的 Rigidbody 的參照（並將其儲存在我們剛才建立的 Rigidbody 變數中）：

    ```
    rigidBody = GetComponent<Rigidbody>();
    ```

    為了滿足第二個要求，我們需要確保程式碼可以存取目標的轉換，以便可以將其移動到新的隨機位置。

3. 由於此腳本會被附加到代理人而不是目標上，因此我們需要獲取對目標轉換的參照。

    為了如此，在 BallAgent 類別中的 Start() 方法之前，添加一個新的 Transform 型別的 public 欄位：

    ```
    public Transform Target;
    ```

Unity 組件中的 public 欄位將由 Inspector 中的 Unity Editor 顯示。這意味著您可以直觀地或透過拖曳來選擇使用哪個物件。我們之前不需要對 Rigidbody 執行此操作，因為它不需要暴露給 Unity Editor。

4. 儲存腳本（並保持開啟狀態）並切換回 Unity Editor。找到附加到代理人的腳本組件、在 Inspector 中查找新建立的 Target 欄位、然後選擇它旁邊的小圓形按鈕，如圖 2-15 所示。

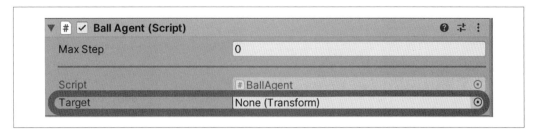

圖 2-15　變更腳本中的目標

5. 在出現的視窗中，雙擊 Target 物件，如圖 2-16 所示。

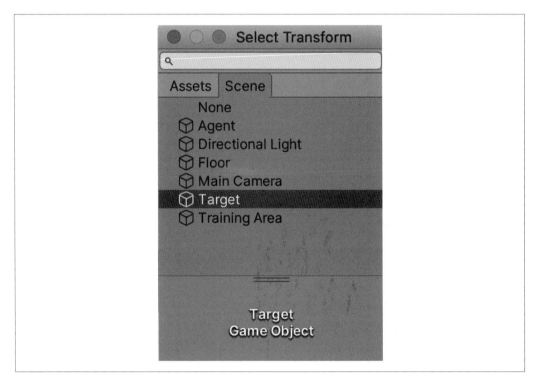

圖 2-16　選擇目標

6. 驗證附加到代理人的腳本組件現在是否在 Target 欄位中顯示了目標的轉換，如圖 2-17 所示。

如果您願意，也可以將 Target 物件從 Hierarchy 視圖拖曳到 Inspector 的槽位中。

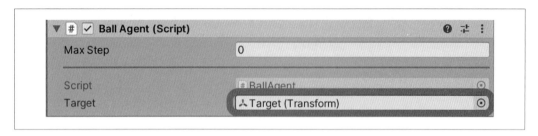

圖 2-17 驗證目標的轉換是否顯示在欄位中

7. 接下來，切換回腳本的程式碼並在類別中實作一個空的 OnEpisodeBegin() 方法：

```
public override void OnEpisodeBegin()
{

}
```

8. 在 OnEpisodeBegin() 中，添加以下程式碼來檢查代理人的 Rigidbody 位置是否低於地板（這意味著代理人正在往下掉），如果是的話，則重設其動量並將其移回地板上：

```
if (this.transform.localPosition. y < 0)
{
  this.rigidBody.angularVelocity = Vector3.zero;
  this.rigidBody.velocity = Vector3.zero;
  this.transform.localPosition = new Vector3(0, 0.5f, 0);
}
```

9. 最後，對於第一個要求，在 if 敘述之後添加一些程式碼，將目標移動到一個新的隨機位置：

```
Target.localPosition = new Vector3(Random.value * 8 - 4,
                                   0.5f,
                                   Random.value * 8 - 4);
```

不要忘記儲存您的程式碼，以防萬一。

讓代理人觀察環境

接下來，我們需要設定代理人來讓它從模擬環境中收集觀察值（*observation*）。我們將假設我們的代理人可以看到它的目標，以便確切地知道它在哪裡（它的目的不是找出目標在哪裡；它是要到達目標）：因此，它會有一個觀察值就是目標的準確位置。這需要編寫更多的程式碼。

我們將透過向代理人添加感測器（*sensor*）來收集觀察值。感測器可以透過程式碼來添加，或者透過將組件附加到 Unity 場景中的事物。對於我們的第一個模擬，我們將在程式碼中完成所有操作。

在我們的代理人 C# 程式碼中，需要執行以下操作：

1. 建立一個空的 CollectObservations() 方法：

    ```
    public override void CollectObservations(VectorSensor sensor)
    {

    }
    ```

2. 然後，在方法的內部，為代理人自己的位置添加一個感測器觀察值：

    ```
    sensor.AddObservation(this.transform.localPosition);
    ```

3. 我們還需要為代理人自己的 x 和 z 速度添加一個感測器觀察值（我們不關心 y 速度，因為代理人不能上下移動）：

    ```
    sensor.AddObservation(rigidBody.velocity.x);
    sensor.AddObservation(rigidBody.velocity.z);
    ```

4. 最後，我們需要添加對目標位置的觀察值：

    ```
    sensor.AddObservation(Target.localPosition);
    ```

這就是要對觀察值所做的全部！

讓代理人在環境中採取行動

為了實作會向著目標移動的目標，代理人需要能夠移動。

1. 首先，建立一個空的 OnActionReceived() 方法：

    ```
    public override void OnActionReceived(ActionBuffers actions)
    {

    }
    ```

2. 然後，存取我們需要的兩個連續動作，一個用於 x，一個用於 z，允許球在它可以滾動的所有方向上被控制：

```
var actionX = actions.ContinuousActions[0];
var actionZ = actions.ContinuousActions[1];
```

3. 建立一個歸零的 Vector3 作為控制信號：

```
Vector3 controlSignal = Vector3.zero;
```

4. 然後，更改控制信號的 x 和 z 分量以從 X 和 Z 動作中獲取它們的值：

```
controlSignal.x = actionX;
controlSignal.z = actionZ;
```

5. 最後，使用我們之前獲得參照的 Rigidbody（附加到代理人的組件），呼叫 Unity Rigidbody 上可用的 AddForce() 函數來施加相關的力：

```
rigidBody.AddForce(controlSignal * 10);
```

目前就這樣！代理人現在可以由機器學習系統來控制。不要忘記儲存您的程式碼。

 最初使用 Vector3.zero 來建立 controlSignal Vector3 的原因是因為我們希望 y 分量為 0。我們可以透過建立一個完全空的 Vector3，然後將 0 指派給 controlSignal.y 來實作出同樣的效果。

獎勵代理人的行為

正如我們在第 1 章中提到的，強化學習的一個基本組成部分是獎勵（*reward*）。強化學習需要獎勵信號來引導代理人採取最優策略 —— 也就是去做我們想讓它做的事情，或者盡可能接近它。強化學習的強化是透過使用獎勵信號來引導代理人走向期望的行為（也就是最優策略）。

在您的 OnActionReceived 方法中，在剛剛編寫的現有程式碼之後，執行以下操作：

1. 儲存到目標的距離：

```
float distanceToTarget = Vector3.Distance
    (this.transform.localPosition, Target.localPosition);
```

2. 檢查到目標的距離是否夠近，這代表您已經到達了目標，如果是的話，指派 1.0 的獎勵：

```
if (distanceToTarget < 1.42f)
{
  SetReward(1.0f);
}
```

3. 指派獎勵後，在 if 敘述內，因為達到了目標，所以呼叫 EndEpisode() 來完成當前的訓練情節：

```
EndEpisode();
```

4. 現在檢查代理人是否從平台上掉下來，如果有的話，也結束這一段情節（在這種情況下不適用任何獎勵）：

```
if (this.transform.localPosition.y < 0)
{
  EndEpisode();
}
```

完成後，您需要儲存程式碼並返回 Unity Editor。

代理人的收尾工作

代理人不僅需要擴展（extend）Agent 的腳本；它還需要 Unity Editor 中的一些支援腳本和設定。我們之前在 Unity 中安裝的 ML-Agents 套件帶來了我們需要的腳本。

要將它們添加到您的代理人，請在開啟了您的場景的 Unity Editor 中執行以下操作：

1. 在 Hierarchy 中選擇代理人，然後單擊其 Inspector 底部的 Add Component 按鈕。

2. 搜尋並添加一個 Decision Requester 組件，如圖 2-18 所示。透過在代理人的 Inspector 中查找組件來驗證是否已正確地添加，如圖 2-19 所示。

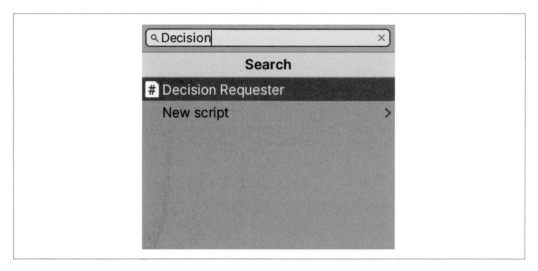

圖 2-18　添加 Decision Requester

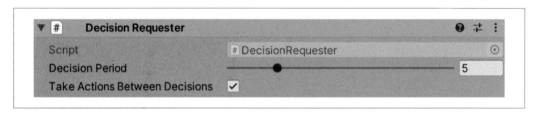

圖 2-19　Decision Requester 組件可以在代理人的 Inspector 中看見

3. 使用滑塊（slider）來將 Decision Period 更改為 10。

4. 再次使用 Add Component 按鈕並將 Behavior Parameters 組件添加到代理人。

5. 驗證 Behavior Parameters 組件是否添加成功，將 Behavior Name 改成「BallAgent」、Vector Observation Space Size 改成 8、Continuous Actions 改成 2、Discrete Branches 改成 0，如圖 2-20 所示。

我們將 Vector Observation Space Size 設定為 8，因為我們提供了八個值作為觀察值。它們是：

- 表示目標位置的向量的三個分量。

- 表示代理人位置的向量的三個分量。

- 代表代理人 X 速度的單一值。

- 代表代理人 Z 速度的單一值。

回到第 37 頁的「讓代理人觀察環境」小節,當我們在程式碼中添加每個觀察值時,是為了重新了解我們作為觀察值所送出的八個值。

同樣的,我們將 Continuous Actions 設定為 2,因為有兩個動作。它們是:

- 施加在 x 軸上的力。

- 施加在 z 軸上的力。

再次查看第 37 頁的「讓代理人在環境中執行動作」小節,在我們為了表達兩個動作的程式碼而添加 OnActionReceived 方法那裡。

圖 2-20　設定 Behavior Parameters

現在也是儲存場景的好時機。

為代理人提供手動控制系統

使用遊戲引擎為機器學習建構模擬環境的樂趣之一是，您可以控制模擬中的代理人並測試代理人在環境中存在的能力，甚至測試目標是否可以達成。

為此，我們擴展了 Heuristic() 方法。再次開啟代理人的 C# 程式碼並按照以下步驟操作：

1. 實作一個空的 Heuristic() 方法：

```csharp
public override void Heuristic(in ActionBuffers actionsOut)
{

}
```

> in 關鍵字是 C# 中的參數修飾符（modifier）。這意味著它會導致參數透過參照傳遞。在這種情況下，這實際上意味著您正在直接使用代理人的動作，而不是之後會傳遞到其他地方的副本。

2. 在其中添加以下程式碼，將 0 索引的動作映射到 Unity 輸入系統的水平輸入，將 1 索引的動作映射到垂直輸入（和我們之前映射 x 和 z 動作的方式相匹配，在第 37 頁「讓代理人在環境中採取行動」小節中）：

```csharp
var continuousActionsOut = actionsOut.ContinuousActions;
continuousActionsOut[0] = Input.GetAxis("Horizontal");
continuousActionsOut[1] = Input.GetAxis("Vertical");
```

就這樣。您需要儲存程式碼並返回 Unity Editor。您的手動控制系統已連接。

要如何**使用**這個控制系統呢？我們很高興您問了這個問題。要使用手動控制系統，您需要執行以下操作：

1. 在 Hierarchy 中選擇代理人，並使用 Inspector 來將 Behavior Type 設定為 Heuristic Only。

2. 在 Unity 中按下 Play 按鈕。您現在可以使用鍵盤上的箭頭鍵來控制代理人了。如果代理人落入虛空，它應該會按預期重設。

您可以更改連接到 Horizontal 和 Vertical 軸的鍵，我們使用 Unity 來連接到動作箭頭：

1. 開啟 Edit 選單 → Project Settings... 並在 Project Settings 視圖的側欄中選擇 Input Manager。

2. 找到 Horizontal 和 Vertical 軸以及相關的 Positive 和 Negative 按鈕，然後隨意更改映射，如圖 2-21 所示。

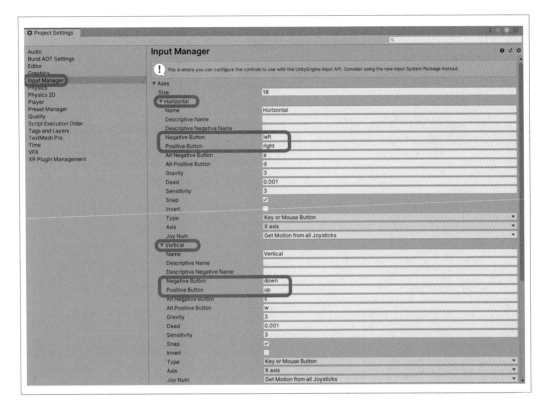

圖 2-21　在 Unity 中變更會映射到輸入軸的鍵

您現在也應該儲存您的場景。

用模擬來訓練

訓練模擬是一個多步驟的過程，它涉及使用一些提供的 Unity ML-Agents 腳本來建立配置檔案，並且需要相當長的時間，具體取決於您機器的威力。為了訓練，我們將使用 Python 和終端機，但首先我們需要做一些設定。

具體來說，我們需要建立一個 YAML 檔案來作為我們訓練的超參數（hyperparameter）。然後我們將使用 mlagents Python 套件中的 mlagent-learn 命令來執行訓練。

YAML 是一種有用的儲存配置格式，目標在儘可能地便於人類閱讀。您可以從維基百科（*https://oreil.ly/XzIKU*）了解有關 YAML 的更多資訊。

因此，要訓練您的球代理人，請按照以下步驟操作：

1. 建立一個名為 *BallAgent.yaml* 的新檔案，並包含以下的超參數和值：

    ```yaml
    behaviors:
      BallAgent:
        trainer_type: ppo
        hyperparameters:
          batch_size: 10
          buffer_size: 100
          learning_rate: 3.0e-4
          beta: 5.0e-4
          epsilon: 0.2
          lambd: 0.99
          num_epoch: 3
          learning_rate_schedule: linear
        network_settings:
          normalize: false
          hidden_units: 128
          num_layers: 2
        reward_signals:
          extrinsic:
            gamma: 0.99
            strength: 1.0
        max_steps: 500000
        time_horizon: 64
        summary_freq: 10000
    ```

2. 將新的 YAML 檔案儲存在合理的位置。我們喜歡把它放在用來儲存 Unity 專案的那個目錄附近的 *config/* 目錄中，但沒有必要將它儲存在 Unity 專案中（雖然如果您願意，您還是可以這樣做）。

我們只使用非常小的批次（batch）和緩衝區大小（buffer size），因為這是一個用於訓練的非常簡單的模擬：輸入和輸出並不多，因此使批次和緩衝區大小變小可以加快訓練速度。更複雜的模擬環境、獎勵系統、觀察值集合保證會有一組不同的超參數值。稍後我們將在第 12 章詳細討論潛在的超參數。

3. 接下來，在您的終端機中，也就是我們在第 19 頁的「設定」小節中建立的 venv 中，透過執行以下命令來啟動訓練過程：

```
mlagents-learn config/BallAgent.yaml --run-id=BallAgent
```

請把 *config/BallAgent.yaml* 替換成我們剛剛建立的配置檔案路徑。

4. 一旦命令啟動並執行後，您應該會看到如圖 2-22 所示的內容。此時，您可以按下 Unity 中的 Play 按鈕。

圖 2-22　ML-Agents 程序開始訓練

5. 當您看到如圖 2-23 所示的輸出時，就會知道訓練過程正在執行。

如果您正在執行一台花俏的由 Apple Silicon 驅動的 macOS 機器的話，您可能會希望在 Rosetta 2 下執行所有這些操作。

```
self_play:      None
behavioral_cloning:     None
2020-08-03 14:55:49 INFO [stats.py:112] BallAgent: Step: 10000. Time Elapsed: 102.185 s Mean Reward: 0.636. Std of Reward: 0.481. Training.
2020-08-03 14:57:33 INFO [stats.py:112] BallAgent: Step: 20000. Time Elapsed: 206.706 s Mean Reward: 0.994. Std of Reward: 0.076. Training.
```

圖 2-23　訓練期間的 ML-Agents 程序

使用 TensorBoard 來監控訓練

雖然看起來可能不像，但 mlagents-learn 命令在底層使用了 PyTorch。底層的 PyTorch
意味著您可以使用令人讚嘆的 Python 機器學習工具套件：這對於如此簡單的模擬來說
意義不大，但我們至少可以討論如何透過 TensorBoard 來查看在訓練期間底層所發生的
事情。

儘管 TensorBoard 起源於 TensorFlow 專案的一部分，這是一個和
PyTorch 不同的框架，並且最初是由一個完全不同的團隊進行開發，但
TensorBoard 已成為更通用的機器學習框架的支援工具，並可以和包括了
PyTorch 在內的許多其他工具一起使用。

請按照以下步驟來透過 TensorBoard 監控訓練過程：

1. 開啟一個額外的終端機並將目錄更改成安裝了 Unity ML-Agents Toolkit 的那個
    位置。

2. 啟動您的 venv，並執行以下命令：

    ```
    tensorboard --logdir=results --port=6006
    ```

    如果您在啟動 TensorBoard 時遇到問題，請嘗試使用 pip3 install
    tensorboard 命令來安裝新副本（不要忘記您需要在 venv 中！）。

3. TensorBoard 啟動並執行後，您可以開啟 Web 瀏覽器並轉到以下的 URL：*http://
    localhost:6006*。

4. 從這個 TensorBoard 的瀏覽器實例，您可以監控訓練過程，如圖 2-24 所示。在您
    的模擬旅程的這一點上特別相關的是 cumulative_reward 和 value_estimate 的統計

資料，因為它們顯示了代理人執行任務的情況（根據它的獎勵）。如果 cumulative_reward 和 value_estimate 接近 1.0 的話，很可能代理人已經解決了達到目標的問題（因為代理人可以獲得的最大獎勵是 1.0）。

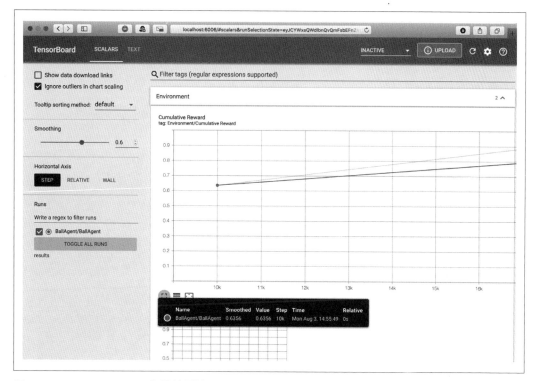

圖 2-24　TensorBoard 正在監控訓練

訓練完成時

最終，訓練過程將完成並儲存模型檔案（*model file*）。發生這種情況時，訓練過程將顯示「Saved Model」訊息。

儲存模型檔案後，請按照以下步驟來將它匯入到 Unity 並使用模型來執行模擬（而不是使用模擬來進行訓練），以觀察您的代理人在經過訓練的模型中的動作：

1.　找到模型檔案（它被命名為 *BallAgent.onnx* 或 *BallAgent.nn*，或類似名稱），如圖 2-25 所示。

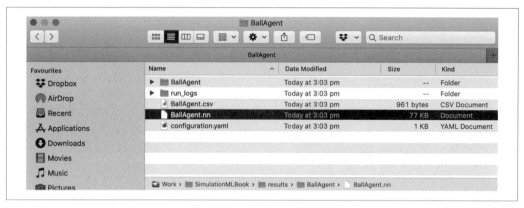

圖 2-25　儲存的模型檔案

2. 使用檔案管理器或將模型檔案拖放到 Unity 專案視圖，來將模型檔案移動到 Unity 專案中。您應該會在 Unity 中看到那個 *.onnx* 檔案，如圖 2-26 所示。

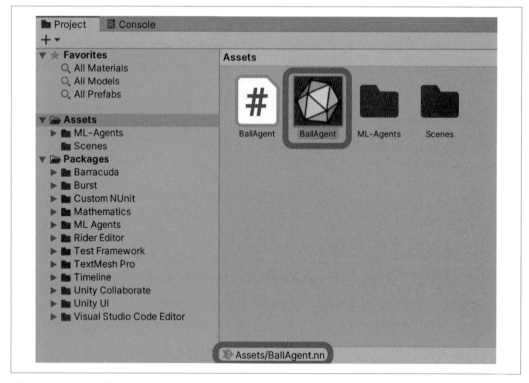

圖 2-26　Unity 中的模型

您在此處產生的 *.onnx* 檔案（也將在本書的其他章節中產生）是一個開放神經網路交換（Open Neural Network Exchange, ONNX）格式檔案。ONNX 是一種用來儲存機器學習模型的開放格式，並提供一組通用運算子和通用檔案格式，使 AI 開發人員能夠使用具有各種框架、工具、執行時期、和編譯器的模型。這是一個令人興奮的機器學習開放標準，而現在您正在這裡使用它！

3. 在 Unity 中選擇代理人，然後將 *.onnx* 或 *.nn* 檔案從 Project 視圖拖放到 Inspector 中的 Model 組件中。您的代理人的 Inspector 應該如圖 2-27 所示。

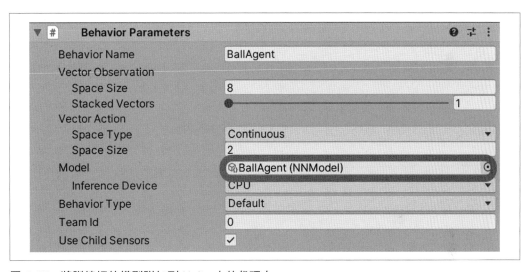

圖 2-27　將訓練好的模型附加到 Unity 中的代理人

您還可以使用 Inspector 中模型欄位旁邊的圓形按鈕來從專案中可用的 *.onnx* 或 *.nn* 檔案中進行選擇（不過，現在您只有一個檔案可以選擇！）。

4. 在 Unity 中按下 Play 按鈕來執行模擬。

您應該看到您的代理人反復地達成其目標！真是巨大的成功。

這全代表了什麼？

在本章中，您建構了一個非常簡單的模擬環境，在該環境中，單一代理人可以學習如何將自己滾到目標上（最好不要滾出世界的邊緣）。

這個代理人能夠觀察其環境，因為 BallAgent 獲得了以下的觀察值：

- 它自己的位置。
- 它自己的 x 速度。
- 它自己的 z 速度。
- 目標的位置。

重要的是要記住，其所提供的觀察值是代理人可以用來了解所有關於其環境和其中狀態變化的資訊。

 我們透過將一個擴展 Agent 類別的 Script 組件附加到 Unity 中的簡單球體物件來將其轉換為代理人。如果我們不這樣做，球體就不會成為代理人。

就像人類如何在與世界互動時具有提供有關世界資訊的感覺（視覺、嗅覺、觸覺、聽覺、和味覺），以及如何具有我們自己的身體狀態（本體感覺、內在感覺、和前庭感覺）的資訊一樣，代理人也需要相同的感覺來確定他們自己在不同時間點的狀態，並觀察它們自己狀態的變化會如何影響與其目標相關的環境部分的狀態。

對於一個需要尋找立方體的球來說，知道它的位置、速度、和目標位置就夠了。例如，我們不需要告訴它有一個地板會在某個點結束。這是因為：

- 從地板上的任何其他點到目標的直接路徑永遠不會超越邊界。
- 代理人將從經驗中了解到，在每個方向上經過一定距離會導致情節結束而沒有獎勵。

其他類型的代理人可能需要更多或更複雜的觀察值。稍後我們會看到，ML-Agents 有一些內建的實用程式，用於將代理人與相機或類似光達（LIDAR）的深度感測器連接起來，但您可以將任何您喜歡的資訊傳遞給代理人。觀察值可以是任何可以歸結為數字或數值陣列以傳遞給 AddObservation 方法的東西。

重要的是，只能給代理人足夠的觀察值來弄清楚它應該做什麼。額外或冗餘的資訊似乎可以幫助代理人更快地確定其任務，但實際上只會給它更多的工作來確定哪些觀察是重要的並和成功是相關的。

也許代理人最令人印象深刻的事情是它甚至不知道它的觀察值是**什麼**。它只是獲得沒有欄位名稱或上下文的傳過來的數字。它透過觀察這些數字是如何因為各種**動作**（*action*）而產生變化來了解它需要什麼。

動作是代理人可以遵循以影響其環境變化的指令。BallAgent 能夠在兩個方向中的任何一個方向上增加或消除力，從而進行滾動或煞車。它們共同讓球可以沿著 2D 平面完全移動，如圖 2-28 所示。

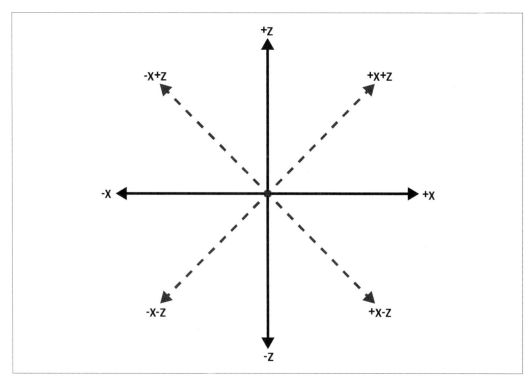

圖 2-28　給定兩個潛在力軸的運動範圍

但是動作可以是任何可以改變環境的動作，從代理人的物理運動（例如，滾動球、移動關節、拍打翅膀、轉動輪子）到進階動作（例如，向前走一公尺、站起來、轉身 180 度），到改變環境（例如，拿起代理人面前的物體、開啟代理人面前的門）。應該要授予代理人存取權限的那些操作的粒度（granularity）和範圍將取決於您希望它學習的特定任務。

例如，如果您希望代理人學會走路，就可能不會希望它的動作會像是「向前走」這樣。因為那樣您就必須編寫程式碼來讓它行走，而且它不需要學習。但是，如果您希望代理人學習如何完成迷宮，您可以提供移動的編碼指令，這樣它就不必學習如何走路，然後再學習迷宮是如何運作的。

回想一下我們是如何在 BallAgent 上實作 OnActionReceived 方法的，方法是在所需方向上外顯式地添加力。它不需要學習如何給自己的 RigidBody 增加力；相反的，它學會了何時該決定沿著某一個軸來移動會是合適的。因此，您希望讓代理人執行的任何動作都需要由您來實作；代理人正在學習的是何時以及以何種順序來觸發您為其選擇的操作。

代理人的工作是使用它所擁有的觀察值來評估環境狀態以確定最佳回應，然後執行所需的一系列動作。我們使用獎勵（reward）來引導代理人選擇對各種環境狀態的期望回應，從而讓代理人達成我們為它設的預期目標。在 BallAgent 的情況下，只有一個獎勵：當代理人到達目標時 +1.0。

獎勵只是在滿足了某些條件時被授予、或從代理人那裡所獲得的積分。有一些獎勵是內在的，例如在模仿學習中，獎勵是在表現出和範例行為相似的行為時自動給予。在強化學習中，我們必須定義明確的獎勵。

這些獎勵是代理人關於它的行為會收到的唯一回饋，因此必須仔細確定獎勵和觸發條件。隨著時間的推移，代理人通常會針對過往獲得最多分數的行為進行優化，這意味著設計不當的獎勵計劃可能會導致意外的行為。

例如，假設當我們決定透過 BallAgent 接近目標時給予分數來幫助它。這可能會加快訓練速度，因為代理人獲得第一個獎勵並獲得它應該要做什麼的提示所花的時間，將比只在達到目標時獲得獎勵要早得多。

因此，您決定對於那個一開始時距離目標有一定距離（例如 10 個單位）的代理人而言，您會根據它的每一步和目標的接近程度來獎勵它。當它達到目標後獎勵 +10.0；當

它距離一個單位時，它將獲得 +9.0，依此類推。在情節的第一步，它並不會移動，因此將獲得 +0.0。

經過一些訓練後，代理人在每個情節所收到的平均獎勵會很高，所以您結束了訓練。您以推理模式啟動代理人，會看到在每一情節期間，代理人都會靠近物件，然後圍繞它轉圈而不去接觸它，直到情節達到其長度限制並結束為止。是什麼地方出錯了呢？

您有一個想法並意識到在獎勵設計中陷入了一個簡單的陷阱：您讓代理人針對錯誤的事情進行了優化。有三個因素共同造成了這種混亂：

- 儘管代理人確實考慮了在每一步中會從潛在行動中獲得多少利益，但它傾向於優化它在整個情節中可以獲得的最多分數。

- 在一個理想的情節中，BallAgent 會往目標直奔而去並到達它。假設它每步滾動大約一個單位，代理人將會獲得穩定增加的獎勵：第一步 +0.0，第二步 +1.0，一直到代理人達到目標時 +10.0，並且情節在 10 步後結束並獲得 55.0 的獎勵。

- 如果 BallAgent 反而接近距離目標一個單位的位置，它將在模擬的前九步中獲得相同的獎勵（總計 45.0）。然後，只要在這個距離上環繞目標，對於模擬讓它繼續的每一步，它將會獲得 +9.0。在我們的超參數檔案中使用 max_steps=500000 時，此行為將持續剩餘的 499,991 步，並且這一情節將在 50 萬步後強制結束，其獎勵為 4,499,964.0。

您可以看到代理人（僅給出獎勵積分）可能會認為盤旋是首選行為，而不是接觸目標。

所以您了解到：模擬建立在三個主要概念之上 —— 觀察值、動作、和獎勵。有了這三樣東西，模擬代理人就可以學習各種智慧行為。代理人在探索其所處環境時使用其收集的觀察值、採取的動作、以及獲得的獎勵的經驗。起初，動作將是隨機的，然後隨著獲得獎勵以及因為了解了當前場景中的理想行為而學到教訓而變得更有針對性。在訓練期間，代理人的這種行為模型是不斷變化的，隨著收到獎勵的回饋而更新，但是一旦訓練結束（也就是當代理人以推理模式執行時），它就會被鎖定，這將是代理人會永遠表現出的行為。

該模型將觀察值映射到將會在那個時間點產生出最高獎勵的動作，稱為**政策**（*policy*）。這是強化學習中行為模型的常規術語，但它也是 ML-Agents 中的類別名稱。Policy 類別抽象化了決策過程，藉由讓您可以交換做出決策的那個內容。這就是允許在啟發式（heuristic）控制（允許您更早地使用 Unity 的輸入系統來控制代理人）和透過神經網路來進行控制之間切換的原因，如第 47 頁的「當訓練完成時」小節中所示。

接下來的是

本書的第二部分將進一步探討使用 ML-Agents 來進行基於模擬的機器學習，就從第 4 章中的下一個模擬活動開始。我們將根據您在這裡所學到的知識基礎上建立一個更複雜的模擬環境，一個會比範例中的滾動球更了解其情況的代理人。

您將學習如何將多種觀察值輸入到您的代理人中，並利用遊戲引擎來將視覺輸入而不是將原始數字發送到您的代理人中。

我們還將研究如何在更複雜的情況下加快訓練過程，方法是複製模擬環境並在許多類似的代理人之間進行平行訓練，以便神經網路模型可以獲得更多的經驗。這真令人興奮，對吧？

第 3 章

建立您的第一個合成資料

本章介紹合成，這是本書的第二個支柱，正如第 1 章所述。本章的重點是您將要用來為機器學習合成資料的工具和過程，以及它要如何和您到目前為止為模擬所做的工作聯繫起來，還有它又是如何和模擬完全不同。

本章結束時，您將產生世界上最令人失望的合成資料！但是您也會準備好在以後的章節中製作出更有趣的資料。這是我們的承諾。請堅定的和我們站在一起。

正如第 6 頁的「Unity」小節中所提到的，我們將要用在剛開始進行合成這條路的主要工具是一個名為 *Perception* 的 Unity 套件。

在本書中，我們不會像和模擬一樣做那麼多的合成工作。這僅僅是因為沒有太多要學習的東西：模擬是一個非常廣泛的領域，您可以採用許多不同的方法，而使用 Unity 來進行合成主要歸結成為了產生您需要的資料而執行不同類型的隨機化。我們會教所有您需要知道的東西，但活動會較少。

Unity Perception

Unity 的 Perception 套件將 Unity 遊戲引擎變成了一種用於產生合成資料集（主要是影像）的工具，用於主要在 Unity 之外的 ML 工作流程。

Perception Framework 提供了一系列有用的工具，從資料集獲取到物件標記、影像獲取等等。您可以建立簡單的物件－標籤關聯，並將它們直接提供給您需要的 ML 工具鏈

的任何部分。Perception 甚至可以幫助您產生定界框（bounding box）和語意分割遮罩（semantic segmentation mask），以及場景產生等。它真的很強大。

Perception Framework 是一個開源專案，您可以透過它的 GitHub 專案（*https://oreil.ly/x0tKg*）來免費獲得。圖 3-1 顯示其功能的一個範例。

圖 3-1　Unity 的 Perception Framework

我們將使用 Unity Perception 套件，它會外掛到 Unity Editor（就像 Unity ML-Agents 一樣），並將它用在本章中的所有內容，以及稍後在第 13 章中的所有內容。

過程

對於所有透過本書中的範例所產生的合成資料，我們將使用的整體工作流程如下：

1. 我們將決定一個需要大量資料的情境（*scenario*），通常用於訓練。

2. 我們將在 Unity 中建立一個或多個場景（scene），用來佈置我們想要參與模擬資料的物件。

3. 我們將使用隨機產生器（*randomizer*）來改變場景的參數，以便根據需要來改變資料。

4. 最後，我們將為我們的資料指定真實值（*ground truth*）和標籤（*label*），並產生（*generate*）資料。

和模擬不同的是，Unity 並不是您為合成所做工作的開始以及結束。在模擬中，您可以使用 ML-Agents 在 Unity 中建構一個場景作為模擬，和您的模擬相關的代理人將存在於該場景中並在該場景中動作。而且，最終您的代理人的訓練後版本（希望能完善您給他

們的任何任務）也將用在那個場景（當然您也可以把您和它們所學到的東西放在其他東西上，但這超出了本書的範圍）。

對於合成來說，我們只是使用了 Unity 和 Perception 套件作為產生大量資料的工具。實際上，因為 Unity 是一個視覺化開發環境，所以最適合的資料類型是視覺化資料（影像）。就像模擬一樣，您將使用 Unity 來建構某種環境或世界，但隨後將使用 Unity 相機來拍攝該世界的成千上萬張照片並將它們匯出到您的檔案系統。一旦獲得圖片後，您將使用 PyTorch、TensorFlow、Create ML、或任何您喜歡的訓練系統在其他地方進行實際的機器學習。在本章中，我們將完成產生資料的設定，以及上述工作流程的前兩個步驟。

 ML-Agents Toolkit 生產線包括了訓練，Perception 生產線則進行訓練。收到？

使用 Unity Perception

為了探索 Unity 的 Perception 套件，我們將透過一個簡單的活動來突顯工作流程。其會產生的影像種類的範例如圖 3-2 所示。

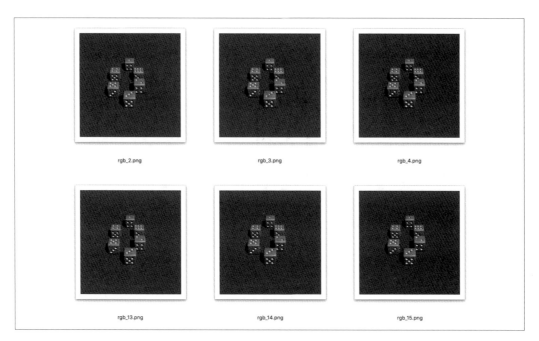

rgb_2.png   rgb_3.png   rgb_4.png

rgb_13.png   rgb_14.png   rgb_15.png

圖 3-2　我們將產生的骰子影像範例

最終，我們將產生骰子的影像，相機被設置成不同的角度、背景採用不同的顏色、骰子採用不同的顏色組合（正是我們在第 56 頁的「過程」中提到的隨機產生器的作用）。本章將進行所有在添加隨機產生器之前的事情。

然而，現在我們將設定一個場景並準備添加隨機化要素。不過，我們不會添加實際的隨機產生器。它將在稍後的第 13 章中出現。

建立 Unity 專案

和我們的許多實際情境一樣，使用 Unity 來建立合成資料的第一步是建立一個全新的 Unity 專案：

1. 開啟 Unity Hub 並建立一個新的 3D「URP」專案。如圖 3-3 所示，我們將其命名為「SimpleDice」，但名稱對於功能並不重要。專案模板（Universal Render Pipeline，渲染生產線，或稱「URP」）的選擇才是重要的。

圖 3-3　在 Unity Hub 中建立 URP 專案

我們不會像上一章那樣建立「3D Project」，因為我們需要使用 Unity 的通用渲染生產線（URP）。通用渲染生產線是一種可編寫腳本的圖形生產線，可為遊戲開發人員建立不同的工作流程。

因為作為產生合成資料的一部分，我們需要做的核心事情之一是輸出影像，所以我們將使用 URP。Perception 會使用 URP 在圖框完成渲染時所產生的事件，我們將使用該事件來輸出影像。

不想管這件事？別擔心！為了使用 Unity Perception，我們只需要來自不同渲染生產線的某些功能。而且我們在 ML-Agents 上不需要使用這些功能。

請記住，當您圍繞 Unity 的 Perception 功能來建構專案時，您可能希望使用 URP，而最簡單的方法是從 Unity Hub 中所提供的 URP 模板開始。

如果您想了解 Unity 的不同渲染生產線，請前往 Unity 說明文件（*https://oreil.ly/waDBl*）。

2. 專案載入後，您需要刪除由 URP 模板添加的範例資產，如圖 3-4 所示。只要刪除名為「Example Assets」的父物件及其下的子物件。將相機、燈光、和「Post-process Volume」留在原處。

出於某種原因，建立新 URP 專案的最簡單方法是建立一個附帶範例環境的專案。我們也不確定為什麼。

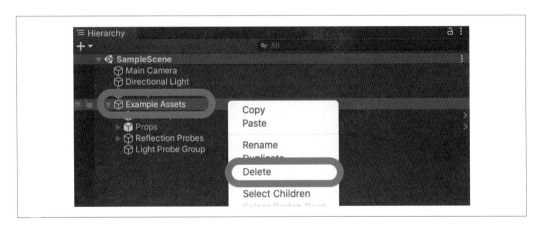

圖 3-4　刪除範例資產

---

3. 接下來，我們要安裝 Perception 套件。請選擇 Window 選單→ Package Manager，並使用 Unity Package Manager 來安裝 Perception 套件，選擇「＋」選單→「Add package from git URL」，輸入 `com.unity.perception`，如圖 3-5 和 3-6 所示。

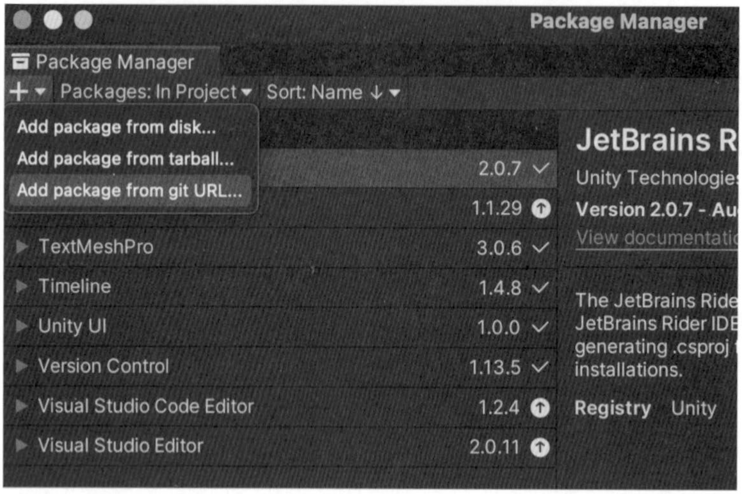

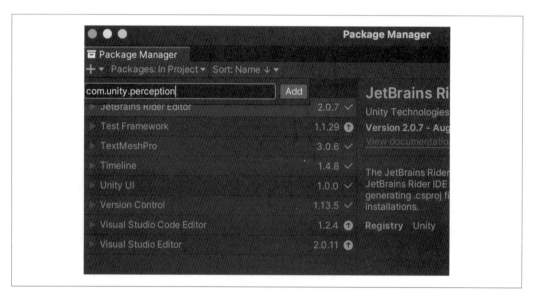

圖 3-5　從 Git 添加套件

圖 3-6　Unity Perception 套件的套件名稱

下載和安裝軟體套件可能需要一些時間，所以請耐心等待。下載完成後，您會看到 Unity 匯入它，如圖 3-7 所示。然後，您就可以關閉 Package Manager 視窗了。

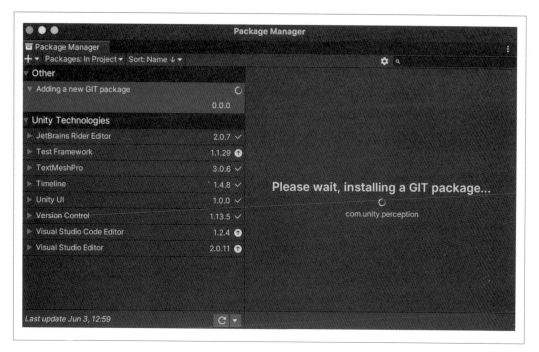

圖 3-7　Unity 正在載入的 Unity Perception 套件

4. 接下來，在 Project 窗格中選擇 ForwardRenderer 資產，如圖 3-8 所示（您將在 *Settings* 資料夾中找到它）。

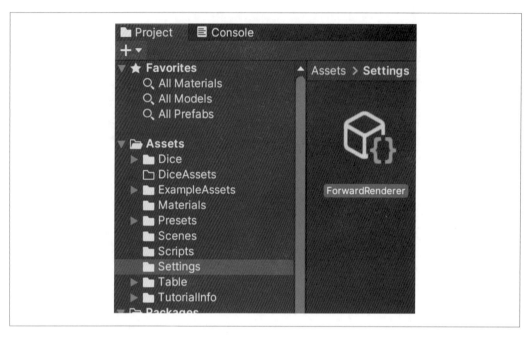

圖 3-8　ForwardRenderer 資產

5. 在它的 Inspector 中，單擊 Add Renderer Feature，然後單擊 Ground Truth Renderer Feature，如圖 3-9 所示。

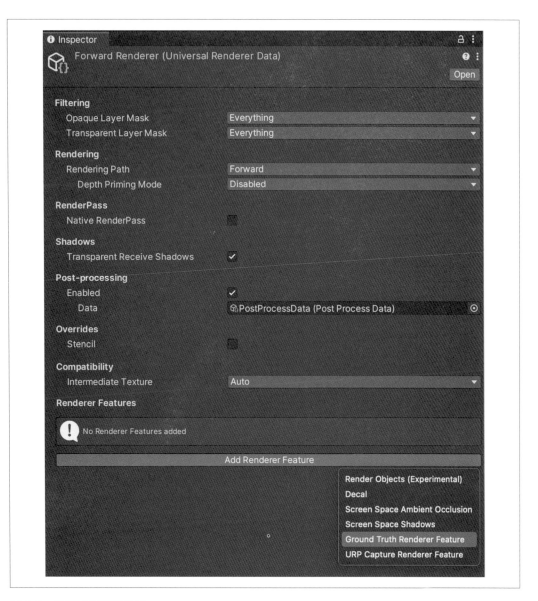

圖 3-9　添加真實值渲染器

此時您的專案基本上已準備就緒。對於使用 Unity 的 Perception Framework 的所有工作來說，這是一個很好、乾淨的起點，因此我們建議將其推送到某種原始碼控制或複製它，以便您每次都有一個乾淨的起點。

建立場景

有時創造一個場景是件好事！這裡是其中之一。我們想要建構的場景非常簡單：就是一些骰子！骰子將會放在平面上，我們將獲取由遊戲引擎所即時產生的骰子影像來產生我們的合成資料（這將是骰子的合成影像）。

讓我們開始吧！

獲得骰子模型

首先，我們需要將要使用的骰子模型。如果您願意，您可以自己製作，但在本書的資源（*https://oreil.ly/9WmyP*）中，您可以下載包含了我們為您製作的骰子模型的 Unity 套件：

1. 下載 *Dice.unitypackage* 檔案（*https://oreil.ly/1efRA*）並透過雙擊將其匯入 Unity，然後在 Unity 中單擊 Import All。

2. 匯入模型後，確認它們在 Unity Editor 的 Project 窗格中是可見的，如圖 3-10 所示。

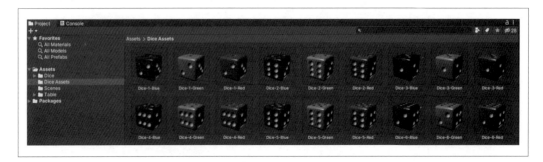

圖 3-10　Unity Editor 中的骰子資產

就這樣！您已經準備好要製作一個場景了。

一個非常簡單的場景

開啟場景後，首先我們需要添加一個地板（floor）和一些骰子：

1. 透過在 Hierarchy 中向場景中添加一個平面並將其重新命名為「Floor」來建立一個地板，如圖 3-11 所示。

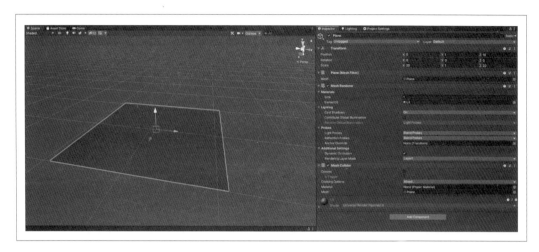

圖 3-11　最初的場景，具有地板

2. 將一些骰子從 Project 窗格（您可以在 *Dice* 資料夾中的 *Prefabs* 子資料夾中找到它們）拖到 Scene 或 Hierarchy 視圖中，並將它們放置在地板上。絕對細節現在並不重要，但如果您想要複製我們的場景，您可以在圖 3-12 中看到它。

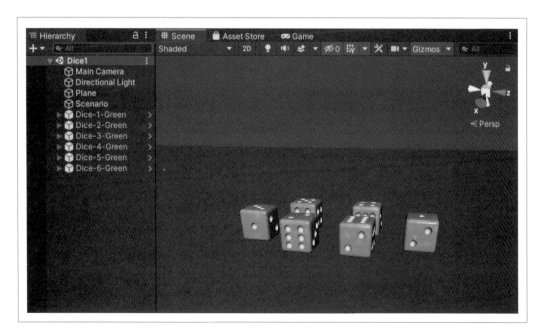

圖 3-12　場景中的骰子

3. 放置相機，以讓它從略微抬高的角度來顯示骰子。您可以透過在重新定位相機時查看 Game 視圖來驗證這一點。我們的如圖 3-13 所示。

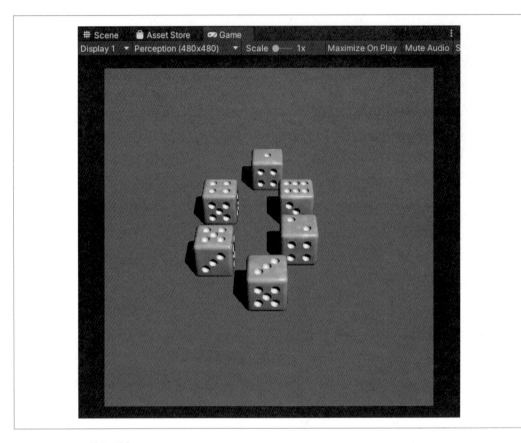

圖 3-13　骰子的好視角

4. 使用 Game 視圖頂部的下拉選單，如圖 3-14 所示，添加一個命名的解析度（我們的叫做 Perception）並將相機的解析度設置為 480x480。因為我們將使用 Main Camera（它是唯一的相機）來渲染影像，所以這裡的解析度控制了我們將進行渲染並儲存到磁碟的影像的大小。

如果您找不到下拉選單，請確保您正在查看 Game 視圖。Scene 視圖沒有您需要的選單。

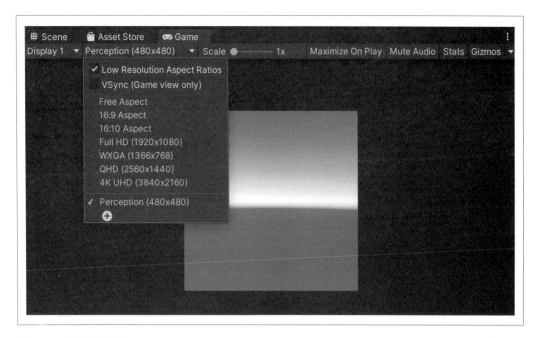

圖 3-14　設定解析度

在繼續之前請先儲存您的場景。

接下來，需要建立一種方法來控制我們的合成使用場景。我們將透過建立一個存在於場景中的「空的」GameObject 來做到這一點，並附上一些由 Unity Perception Framework 所提供的特殊組件。以下是執行此操作的步驟：

1. 在 Hierarchy 視圖中建立一個新的空的 GameObject，並將其命名為「Scenario」或類似名稱。

我們的 Scenario GameObject 是「空的」，因為它沒有映射到您可以在場景中看到的視覺組件。它存在於場景中，但在場景中並不可見。如果向它添加一個視覺組件（例如，像一個立方體這樣的網格），它就會是可見的。不過，我們只是要控制使用場景，您並不需要任何的可見組件。

2. 在 Hierarchy 中選擇新的 Scenario 物件，然後在其 Inspector 中使用 Add Component 按鈕，如圖 3-15 所示，為這個新的 GameObject 添加一個 Fixed Length Scenario 組件，如圖 3-16 所示。

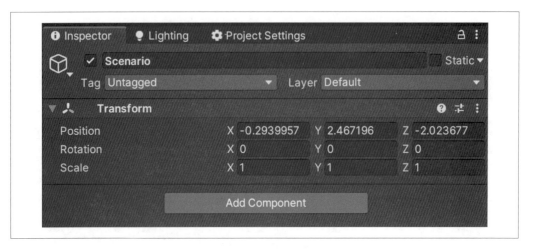

圖 3-15　Add Component 按鈕

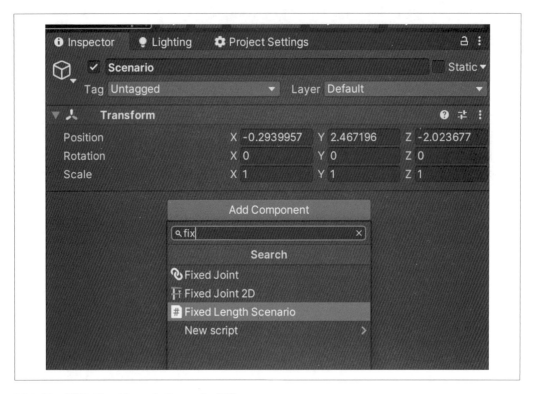

圖 3-16　添加 Fixed Length Scenario 組件

3. 暫時不動 Fixed Length Scenario 的參數和設定。Total Iterations 參數實際上是在我們執行情境時會被儲存到磁碟的那個場景中的影像數量。

> 如果您沒有可用的 Fixed Length Scenario 組件,請查看之前列出用來匯入 Perception 套件的步驟。該資產來自 Perception 套件。

Fixed Length Scenario 組件透過協調所有必要的隨機元素來控制場景的執行流程。

現在我們需要修改 Main Camera 來允許它被用在 Perception 中:

1. 選擇 Main Camera,並使用它的 Inspector 來添加一個 Perception Camera 組件。

2. 讓 Perception Camera 的參數保持預設值,如圖 3-17 所示。我們很快就會回到這個細節,但如果您願意,您可以修改 Output Base Folder 來指向您希望儲存渲染影像的位置。

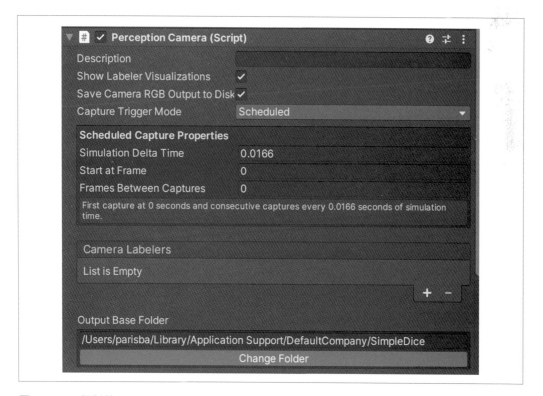

圖 3-17　一個新的 Perception Camera 組件

如果您在添加 Perception Camera 組件時在 Unity Editor 的 Console 窗格中看到與非同步著色器編譯（asynchronous shader compilation）相關的錯誤或警告，請不用太擔心！如果發生這種情況，請選擇 Edit 選單 → Project Settings... → Editor，然後在 Shader Compilation 設定中，找到並禁用 Asynchronous Shader Compilation。

Perception Camera 組件允許我們修改和控制從相機獲取的合成圖框（frame）的參數、它們的註解方式、以及我們最終提供的標籤和真實值之間的關係。

不要忘了再次儲存您的場景。

準備合成

當您產生合成影像時，您還可以使用它來產生不同類型的真實值（*ground truth*）。

Perception 提供了一系列不同的標記器（*labeler*），它們控制著您可以對每張獲取的影像所產生的真實值類型：

- 3D 定界框。
- 2D 定界框。
- 物件計數。
- 物件元資料（metadata）/ 資訊。
- 語意分割圖。

真實值是指我們已經知道確定是真實的資訊。例如，因為我們正在製作骰子的影像，所以我們知道它們必定是骰子。他們是骰子這件事就是一個真實值。

因為我們要產生不同數字朝上的骰子影像，所以我們會對物件元資料 / 資訊標記器感興趣。Unity 在 Unity Editor 中將此稱為 RenderedObjectInfoLabeler。

要為此專案添加標記器，請在場景中執行以下操作：

1. 在 Hierarchy 窗格中選擇 Main Camera，並找到附加到它的 Perception Camera 組件。

2. 點擊 Perception Camera 的 Camera Labelers 區段的 + 按鈕，如圖 3-18 所示。

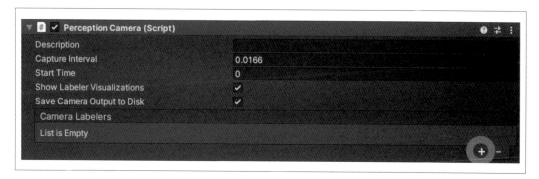

圖 3-18　Camera Labelers 區段中的 + 按鈕

3. 從出現的列表中，選擇 RenderedObjectInfoLabeler，如圖 3-19 所示。

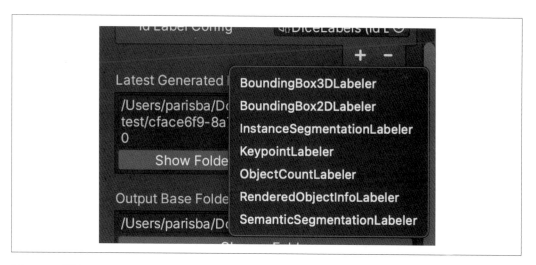

圖 3-19　添加 RenderedObjectInfoLabeler

4. 確認已添加標記器，如圖 3-20 所示。

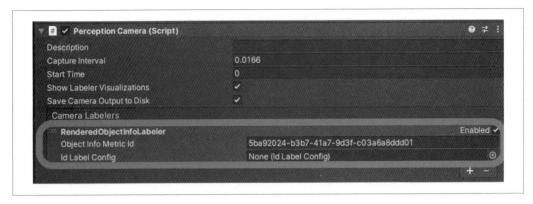

圖 3-20　我們的 Perception Camera 上的 RenderedObjectInfoLabeler，它位於我們的 Main Camera 上

要使用標記器，我們需要建立一些標籤：

1. 在 Project 窗格中，單擊右鍵並選擇 Create → Perception → ID Label Config，如圖 3-21 所示。

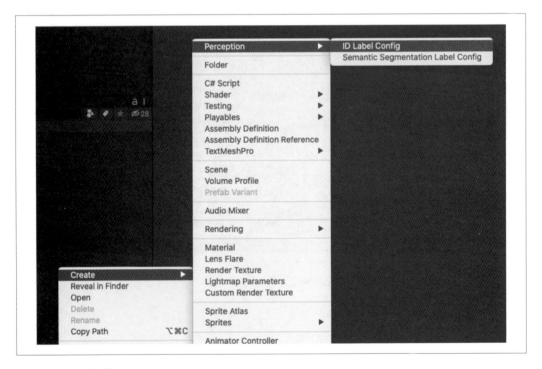

圖 3-21　建立新的 ID Label Config

2. 找到已建立的新資產（可能會被命名為 IdLabelConfig 或類似名稱）並將其重新命名為 DiceLabels 或類似的名稱。

3. 在 Project 窗格中選擇此資產，並使用它的 Inspector 窗格中的 Add New Label 按鈕來建立六個標籤。完成後，您的標籤列表應該與我們的相似，如圖 3-22 所示。

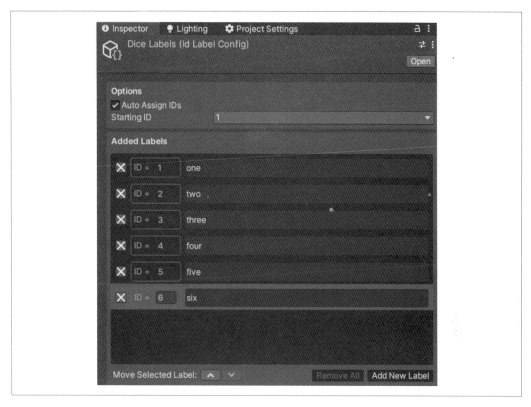

圖 3-22　已建立六個標籤

4. 再次選擇 Hierarchy 中的 Main Camera，在附加到它的 Perception Camera 組件的 Camera Labelers 區段中找到 Id Label Config 欄位，然後將剛剛製作的 DiceLabels 資產從 Project 窗格拖曳到該欄位，或單擊欄位並選擇資產。完成後，它應該如圖 3-23 所示。

圖 3-23　Perception Camera 已設置完成

再一次，您需要先儲存場景，然後再繼續。

測試場景

現在是測試您的情境的好時機，而無需應用任何的隨機元素。請按照以下步驟來測試情境並檢查到目前為止我們所做的一切是否正常運作：

1. 使用 Unity 的 Play 按鈕來執行場景。這可能需要一段時間。

2. 場景應該會產生和我們添加到 GameObject 情境的 Fixed Length Scenario 組件的 Total Iterations 參數中所指定數量一樣多的圖片；然後它應該會自動退出播放（play）模式。同樣的，這可能需要一點時間，並且可能看起來好像是 Unity Editor 當掉了。

3. 為了驗證一切都正常，當 Unity 再次有反應（並且播放模式已經結束）時，選擇 Hierarchy 中的 Main Camera 並找到 Perception Camera 組件。它將有一個新的 Show Folder 按鈕，如圖 3-24 所示。

4. 單擊 Show Folder 按鈕。這會打開影像儲存在本地端電腦上的位置。

此時，您應該會找到一個資料夾，其中包含從場景的相機所產生的 100 張圖片。它們都是相同的，如圖 3-25 所示。如果您已經做到了這一點並且一切正常的話，那麼您就可以繼續下去了！

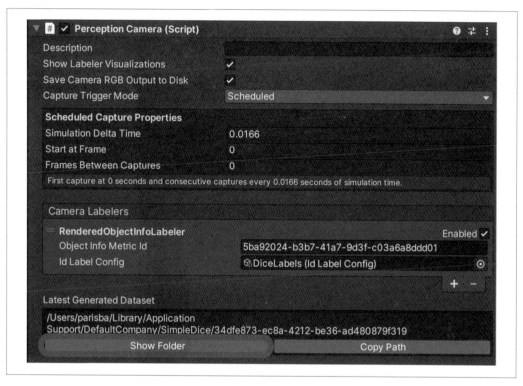

圖 3-24 在成功執行後的 Show Folder 按鈕

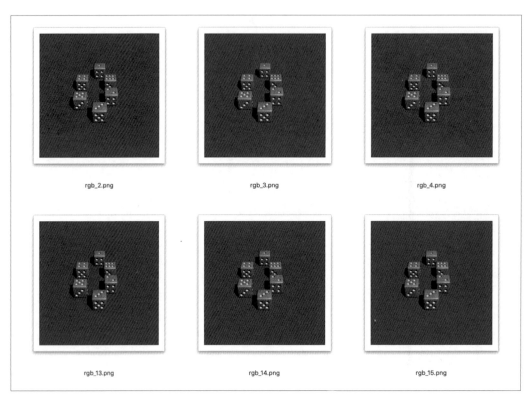

圖 3-25　骰子影像

太棒了！您實際上已經合成了一些資料 —— 碰巧您合成的每張影像都是相同的，每次儲存影像時都沒有變化，而且我們的標籤並沒有真正地被使用到。

設定我們的標籤

我們所建立的標籤代表了骰子的哪一面是朝上的。為了使用和我們輸出的影像相匹配的格式來提供此資訊，我們需要將其附加到預製件（prefab）：

1. 透過在 Project 窗格中雙擊 Dice-Black-Side1（黑色骰子，顯示一個點的那一面朝上）來開啟它的預製件。

2. 開啟預製件後，如圖 3-26 所示，在它的 Hierarchy 中選擇根物件（在本例中為「Dice-Black-Side1」）並使用它的 Inspector 中的 Add Component 按鈕來添加一個 Labeling 組件，如圖 3-27 所示。

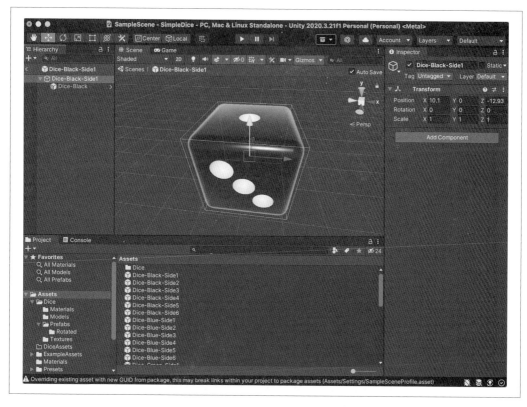

圖 3-26　開啟預製件

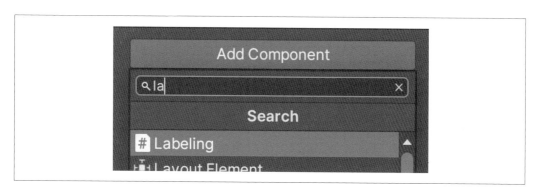

圖 3-27　添加 Labeling 組件

3. 在 Inspector 中為新組件展開 DiceLabels 區段，然後單擊代表朝上那一面的標籤
   （在此應該是「one」）旁邊的 Add to Labels 按鈕，如圖 3-28 所示。

4. 退出骰子預製件，並對所有骰子預製件重複此過程（總共應該有 30 個，由 5 種不
   同顏色組成，每個有 6 種點數朝上）。您應該使用能和每個骰子向上的面相對應的
   標籤編號。

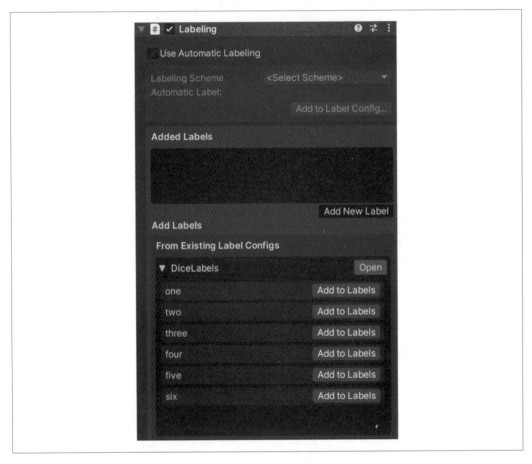

圖 3-28　添加特定標籤

檢查標籤

稍後我們再詳加探討標籤，但您可以透過執行以下操作來快速檢查它們是否有效：

1. 在 Hierarchy 中選擇 Main Camera，添加一個新的 BoundingBox2D 標記器，並將其連接到我們之前建立的標籤集，如圖 3-29 所示。

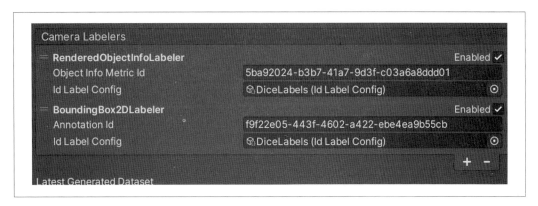

圖 3-29　向相機添加新的標記器

2. 執行專案並查看 Game 視圖。除了正常儲存的影像檔案外，您還會看到它會在每個被標記的物件周圍繪製方框，如圖 3-30 所示。

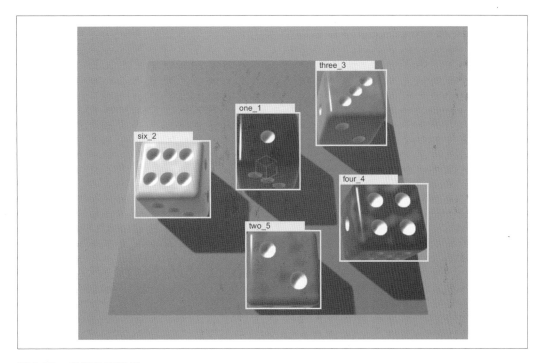

圖 3-30　繪製的定界框

當我們開始使用隨機產生器時，將在後面的章節中更常使用標籤。

接下來呢？

到目前為止，我們已經建構了一個場景並連接了所有必要的生產線以使 Unity Perception 正常運作：

- 我們使用 URP 生產線來建立了一個專案，那是使用 Unity Perception 來建立模擬影像資料所必需的。

- 我們在想要用來產生影像場景裡的相機中添加了一個 Perception Camera 組件。

- 我們將 Fixed Length Scenario 組件添加到場景中原本為空的物件中，讓我們能夠管理影像的整體產生過程。

- 我們指明了在執行影像合成過程時影像被儲存的位置。

- 我們為骰子的合成建立了一些標籤作為真實值，並將它們應用於正在使用的相關骰子預製件。

稍後在第 13 章中，我們將透過在場景中添加隨機產生器來進一步完善它們，這將可以改變骰子的位置、大小、和其他元素，以及場景本身的元素，因此我們產生的每張影像都將是不同的。在第 14 章中，將探索我們產生的合成資料以及如何使用它。

第二部分

模擬世界以獲得樂趣和利潤

第 4 章

建立更進階的模擬

到目前為止,您已經了解了模擬的基礎知識和合成的基礎知識。是時候深入研究並進行更多的模擬了。在第 2 章中,我們建構了一個簡單的模擬環境,向您展示了要在 Unity 中組裝場景並使用它來訓練代理人是多麼容易。

在本章中,我們將在您已經學過的東西的基礎上,使用相同的基本原理來建立一個稍微進階一點的模擬。我們要建構的模擬環境如圖 4-1 所示。

圖 4-1　我們將要建構的模擬

此模擬將包含一個立方體，它將再次充當我們的代理人。代理人的目標是儘快地將一個方塊推入目標區域。

在本章結束時，您會繼續鞏固在 Unity 中組裝模擬環境的技能，並更能掌握 ML-Agents Toolkit 的組件和功能。

設定方塊推動器

有關模擬和機器學習所需工具的完整概要和討論，請參閱第 1 章。本節將簡要概述完成此特定活動所需的點點滴滴。

具體來說，這裡我們將執行以下操作：

1. 建立一個新的 Unity 專案並將它設定成和 ML-Agents 一起使用。

2. 在 Unity 專案的場景中為我們的方塊推動器建立環境。

3. 實作必要的程式碼，讓我們的方塊推動代理人在環境中發揮作用，並且可以使用強化學習來進行訓練。

4. 最後，在環境中訓練我們的代理人，看看它是如何運行的。

建立 Unity 專案

再一次，我們將為此模擬建立一個全新的 Unity 專案：

1. 開啟 Unity Hub 並建立一個新的 3D 專案。我們將其命名為「Block-Pusher」。

2. 安裝 ML-Agents Toolkit 套件。相關說明，請參考第 2 章。

就這樣！您已準備好繼續為方塊推動代理人建立環境了。

環境

將要和 ML-Agents 一起使用的空 Unity 專案準備好之後，下一步是建立模擬環境。除了代理人本身之外，本章的模擬環境還有以下的要求：

- 一個可供代理人四處走動的地板（*floor*）

- 讓代理人四處推動的方塊（*block*）

- 一組牆壁（*wall*），防止代理人掉入虛空

- 代理人要將方塊推入的目標（*goal*）區域

在接下來的幾節中，我們將在 Unity Editor 中建立這些部分。

地板

地板是我們的代理人和它推動的方塊將存在的地方。它和第 2 章中所建立的地板非常相似，但在這裡我們還將圍繞它建造牆壁。在編輯器中開啟新的 Unity 專案後，我們將建立一個新場景並為我們的代理人（以及它推動的方塊）建立地板：

1. 開啟 GameObject 選單 → 3D Object → Cube。單擊您在 Hierarchy 視圖中建立的立方體，然後像以前一樣將其名稱設定為「Floor」或其他類似的名稱。

2. 選定了新地板之後，把它的位置設定為合適的值，把它的縮放設置為 (20, 0.35, 20) 或類似的值，這樣它就是一個有一點厚度的大平面地板，如圖 4-2 所示。

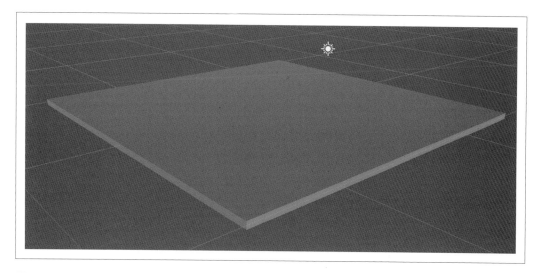

圖 4-2　我們模擬的地板

　地板是這個世界存在的中心。透過將世界集中在地板上，地板的位置並不重要。

這次我們希望我們的地板更有特色，所以要給它加上一些顏色：

1. 開啟 Assets 選單 → Create → Material 以在專案中建立一個新的材質（material）資產（您可以在 Project 視圖中看到它）。將材質重新命名為「Material_Floor」或類似的名稱，方法是單擊右鍵並選擇 Rename（或在選擇了材質時按 Return）。

2. 確保在 Project 視圖中選擇了新的材質，並使用 Inspector 將反照率（albedo）顏色設置為花俏的顏色。我們推薦使用漂亮的橙色，但什麼顏色都可以。您的 Inspector 應該會類似於圖 4-3。

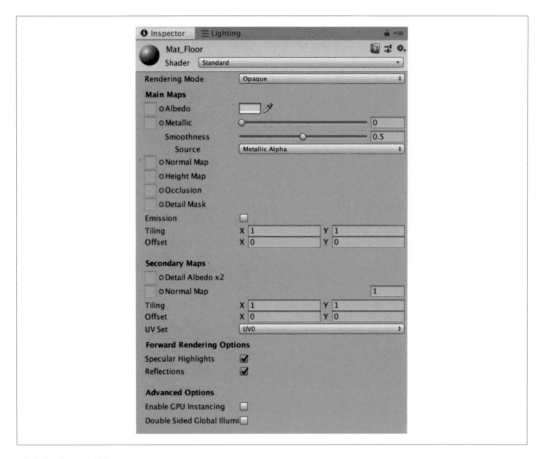

圖 4-3　地板材質

3. 在 Hierarchy 視圖中選擇地板並將新材質從 Project 視圖直接拖動到 Project 視圖中的地板條目，或地板的 Inspector 底部的空白處。地板應該會在 Scene 視圖中改變顏色，而且地板的 Inspector 應該會有一個新的組件，如圖 4-4 所示。

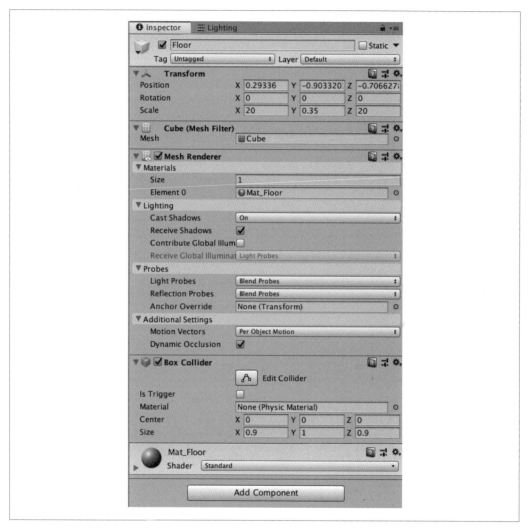

圖 4-4　地板的 Inspector，顯示了新的 Material 組件

這就是地板！請確保在繼續之前儲存場景。

牆壁

接下來，我們需要在地板周圍建立一些牆壁。和第 2 章不同的是，我們不希望代理人有從地板上掉下去的可能性。

為了建立牆壁，我們將再次使用我們的老朋友，那多才多藝的立方體。請回到剛才製作地板的 Unity 場景，執行以下操作：

1. 在場景中新建立一個立方體。讓它在 x 軸上的縮放和地板相同（因此可能約為 20），在 y 軸上則高出 1 個單位，在 z 軸上則約為 0.25。它看來應該類似於圖 4-5。

圖 4-5　第一面牆

2. 為牆壁建立一種新材質、給它一個漂亮的顏色、然後將它應用到您建立的牆壁上。我們的結果如圖 4-6 所示。

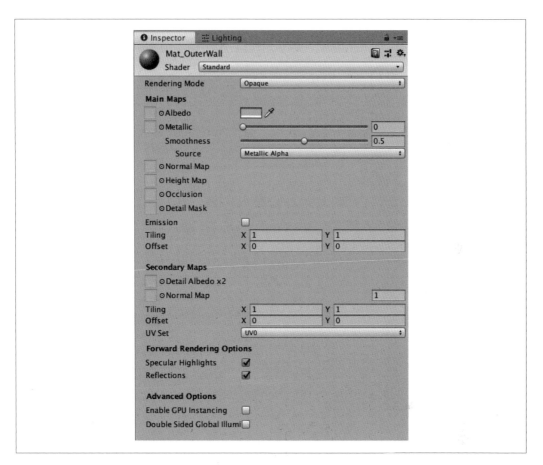

圖 4-6　新的牆壁材質

3. 將立方體重新命名為「Wall」或類似名稱，然後複製它一次。這些將是我們在某一個軸上的牆壁。還不用擔心要如何將它們移動到正確的位置。

4. 再次複製其中一片牆壁，並使用 Inspector 在 y 軸上將其旋轉 90 度。一旦完成後，複製它。

您可以透過按鍵盤上的 W 鍵來切換到移動（move）工具。

5. 在選擇了每面牆壁時（在 Scene 視圖或 Hierarchy 視圖中）使用移動工具來定位
   牆壁，並按住鍵盤上的 V 鍵進入頂點捕捉模式。按住 V 鍵時，將游標懸停在牆壁
   網格中的不同頂點上面。將游標懸停在牆壁的一個外部底邊的轉角頂點上，然後
   單擊並拖動移動手柄以將其捕捉到地板上相應的上部轉角頂點。這個過程如圖 4-7
   所示。

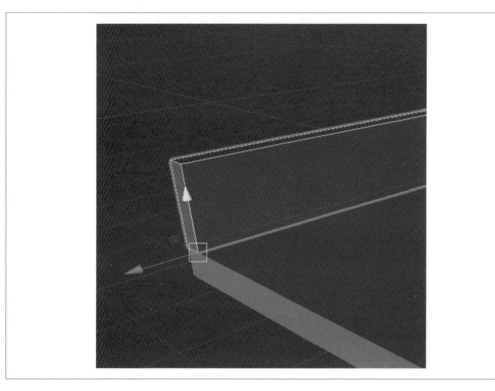

圖 4-7　在角落進行頂點捕捉

您可以使用右上角的小工具（widget）在 Scene 視圖中的不同視圖之間
切換，如圖 4-8 所示。

圖 4-8　場景小工具

6.　對每個牆壁區段重複此操作。一些牆壁區段會相互重疊和相交，那不是什麼問題。
完成後，您的牆壁應該如圖 4-9 所示。和以往一樣，在繼續之前請儲存您的場景。

圖 4-9　最後的四面牆壁

方塊

在這個階段，方塊是我們需要在編輯器中建立的元素中最簡單的。像我們許多人一樣，它的存在是為了被推動（在這種情況下，是由代理人進行）。我們將在 Unity 場景中添加方塊：

1. 向場景中添加一個新立方體，並將其重新命名為「Block」。

2. 使用 Inspector 為代理人添加一個 Rigidbody 組件，將其質量（mass）設定為 10，將其阻力（drag）設定為 4，並凍結它在所有三個軸上的旋轉，如圖 4-10 所示。

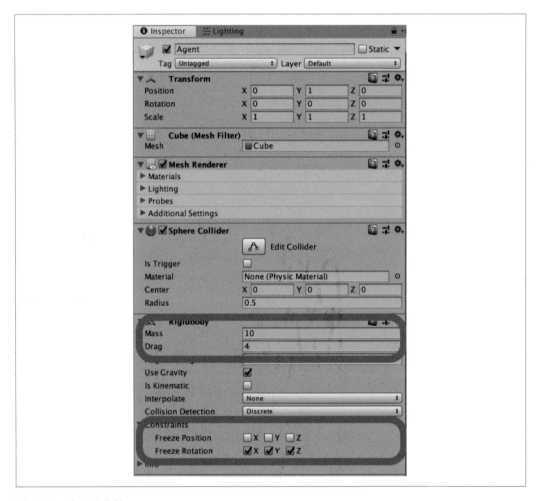

圖 4-10　方塊的參數

3. 將方塊放在地板上的某處。哪裡都可以。

 如果在將方塊精確地定位在地板上時遇到問題，您可以在頂點捕捉模式下
使用移動工具，就像對牆壁所做的那樣，並將代理人捕捉到地板的一個轉
角（它將和牆壁相交的地方）。然後使用定向移動（directional move）工
具（透過在代理人處於移動模式時單擊並拖曳從代理人出來的箭頭）、或
使用 Inspector 將它移動到所需位置。

目標

目標是在場景中代理人需要將方塊推過去的位置。它不是一個實體的東西，而是一個概
念。但是概念不能在電玩遊戲引擎中表達，那麼我們該如何實作它呢？這是一個很好的
問題，親愛的讀者！我們製作了一個平面（一個平坦的區域）並將它設定為特定的顏
色，以便觀看的人（也就是我們）可以分辨出目標區域在哪裡。這個顏色完全不會提供
給代理人使用，它只是給我們看的。

代理人將使用我們添加的對撞機（collider），這是一個存在於著色地板區域上方的大
量空間，透過使用 C# 程式碼，當此空間內有東西時我們就會知道（因此命名為「對撞
機」）。

請依照以下步驟來建立目標以及它的對撞機：

1. 在場景中建立一個新的平面並將它重新命名為「Goal」或類似名稱。

2. 為目標建立新材質並套用它。我們建議您使用突出的顏色，因為這是我們希望代
   理人將立方體推入的目標區域。將新材質套用於目標。

3. 使用 Rect 工具（可以用鍵盤上的 T 來使用）或透過工具選擇器來使用和之前在第 88 頁的「牆壁」小節中相同的頂點捕捉技巧來定位目標，如圖 4-11 所示。大致定位目標即可，如圖 4-12 所示。

圖 4-11　工具選擇器

圖 4-12　就定位的目標

4. 使用 Inspector，從目標中移除 Mesh Collider 組件，然後使用 Add Component 按鈕添加一個 Box Collider 組件。

5. 在 Hierarchy 中選定目標後，單擊目標的 Inspector 中的 Box Collider 組件中的 Edit Collider 按鈕（如圖 4-13 所示）。

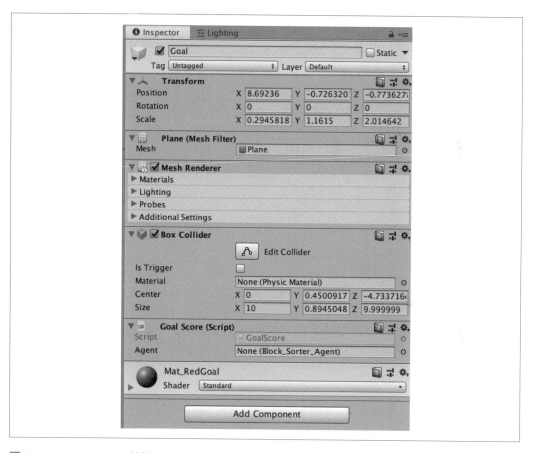

圖 4-13　Edit Collider 按鈕

6. 使用綠色的小方形手柄來調整目標的對撞機大小,使其包含更多的環境空間,因此,如果代理人進入對撞機時,它將會被偵測到。我們的如圖 4-14 所示,但這不是一門科學;您只需要讓它變大就對了!您可能會發現使用 Inspector 來只增加 Box Collider 組件 y 軸上的大小會讓這件事更容易。

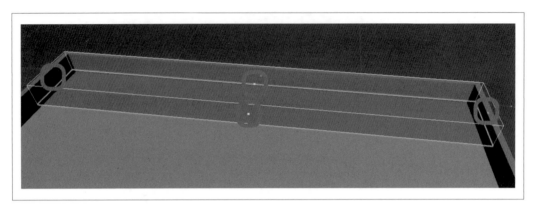

圖 4-14　我們的大型對撞機,並顯示了手柄

和之前一樣,請不要忘記儲存場景。

代理人

最後(幾乎吧),需要建立代理人本身。我們的代理人將是一個立方體,附有適當的腳本(我們也會建立),就像在第 2 章中對球代理人所做的那樣。

仍然在 Unity Editor 中,在您的場景中執行以下操作:

1. 建立一個新立方體並將其命名為「Agent」或類似名稱。

2. 在代理人的 Inspector 中,選擇 Add Component 按鈕並添加一個新腳本。將其命名為「BlockSorterAgent」。

3. 開啟新建立的腳本並添加以下匯入敘述:

```
using Unity.MLAgents;
using Unity.MLAgents.Actuators;
using Unity.MLAgents.Sensors;
```

4. 將類別更新為 Agent 的子類別。

5. 現在您需要一些屬性，從地板和環境的控制代碼（handle）開始（我們稍後會重新指派這些屬性）。它們位於類別之中，任何方法之前：

```
public GameObject floor;
public GameObject env;
```

6. 還需要一些東西來代表地板的邊界：

```
public Bounds areaBounds;
```

7. 您需要一些東西來代表目標區域和需要被推進目標區域的方塊：

```
public GameObject goal;
public GameObject block;
```

8. 現在添加一些 Rigidbody 來儲存方塊本體和代理人：

```
Rigidbody blockRigidbody;
Rigidbody agentRigidbody;
```

當初始化代理人時，我們需要做一些事情，所以要做的第一件事是 Initialize() 函數：

1. 添加 Initialize() 函數：

```
public override void Initialize()
{

}
```

2. 在裡面，獲取代理人和方塊的 Rigidbody 的控制代碼：

```
agentRigidbody = GetComponent<Rigidbody>();
blockRigidbody = block.GetComponent<Rigidbody>();
```

3. 最後，對於 Initialize() 函數，獲取地板邊界的控制代碼：

```
areaBounds = floor.GetComponent<Collider>().bounds;
```

接下來，我們希望能夠在代理人產生（以及每次訓練執行）時將代理人隨機定位在地板內，因此我們將建立一個 GetRandomStartPosition() 方法。這個方法完全是我們自己的，並且沒有實作所需的 ML-Agents（就像我們覆寫的方法一樣）：

1. 添加 GetRandomStartPosition() 方法：

```
public Vector3 GetRandomStartPosition()
{

}
```

每當我們想在模擬中的地板內隨機放置一些東西時，都會呼叫這個方法。它會傳回地板上的一個隨機的可用位置。

2. 在 GetRandomStartPosition() 中，獲取地板和目標邊界的控制代碼：

```
Bounds floorBounds = floor.GetComponent<Collider>().bounds;
Bounds goalBounds = goal.GetComponent<Collider>().bounds;
```

3. 現在建立一個地方來儲存地板上的新點（我們稍後會回到這個）：

```
Vector3 pointOnFloor;
```

4. 製作一個計時器，以便您可以查看此過程是否由於某種原因而花費了太長的時間：

```
var watchdogTimer = System.Diagnostics.Stopwatch.StartNew();
```

5. 接下來，添加一個變數來儲存邊距（margin）。我們將使用它從隨機選擇的位置來添加和刪除一個小緩衝區：

```
float margin = 1.0f;
```

6. 現在開始一個 do-while 迴圈，如果它選擇一個在目標邊界內的隨機點時，它會繼續選擇一個隨機點：

```
do
{

} while (goalBounds.Contains(pointOnFloor));
```

7. 在 do 迴圈內部，檢查計時器是否已經走得太久，如果是的話，則拋出例外（exception）：

```
if (watchdogTimer.ElapsedMilliseconds > 30)
{
    throw new System.TimeoutException
      ("Took too long to find a point on the floor!");
}
```

8. 然後，仍然在 do 迴圈的內部，但在 if 敘述下方，在地板的頂面上選擇一個點：

```
pointOnFloor = new Vector3(
    Random.Range(floorBounds.min.x + margin, floorBounds.max.x - margin),
    floorBounds.max.y,
    Random.Range(floorBounds.min.z + margin, floorBounds.max.z - margin)
);
```

添加和刪除 margin，使方塊始終在地板上，而不是在牆壁或空白處。

9. 在 do-while 之後，傳回您建立的 pointOnFloor：

```
return pointOnFloor;
```

GetRandomStartPosition() 就是這樣。接下來，我們需要一個函數讓代理人在方塊到達目標時進行呼叫。我們將使用這個函數來獎勵代理人做正確的事情，以強化我們想要的政策：

1. 建立 GoalScored() 函數：

```
public void GoalScored()
{

}
```

2. 添加對 AddReward() 的呼叫：

```
AddReward(5f);
```

3. 添加對 EndEpisode() 的呼叫：

```
EndEpisode();
```

接下來，我們將實作 OnEpisodeBegin()，此函數會在每個訓練或推理情節（*episode*）開始時呼叫：

1. 首先，將函數放到定位：

```
public override void OnEpisodeBegin()
{

}
```

2. 我們會得到一個隨機的旋轉和角度：

```
var rotation = Random.Range(0, 4);
var rotationAngle = rotation * 90f;
```

3. 現在使用我們建立的函數來獲取方塊的隨機起始位置：

```
block.transform.position = GetRandomStartPosition();
```

4. 我們將設定方塊的速度和角速度，使用它的 Rigidbody：

```
blockRigidbody.velocity = Vector3.zero;
blockRigidbody.angularVelocity = Vector3.zero;
```

5. 我們將獲得代理人的隨機起始位置：

```
transform.position = GetRandomStartPosition();
```

6. 設置代理人的速度和角速度，也使用它的 Rigidbody：

```
agentRigidbody.velocity = Vector3.zero;
agentRigidbody.angularVelocity = Vector3.zero;
```

7. 最後，我們將會旋轉整個環境。這樣做是為了讓代理人不會去學習總是有目標的那一側：

```
//env.transform.Rotate(new Vector3(0f, rotationAngle, 0f));
```

這就是 OnEpisodeBegin() 函數。請儲存您的程式碼。

接下來，我們將實作 Heuristic() 函數，以便可以手動控制代理人：

1. 建立函數 Heuristic()：

```
public override void Heuristic(in ActionBuffers actionsOut)
{

}
```

這裡對代理人的手動控制與訓練過程完全無關。它的存在是要讓我們驗證代理人可以在環境中適當地移動。

2. 獲取 Unity ML-Agents Toolkit 發送的動作控制代碼，並將動作設置為 0，這樣您就知道在對 Heuristic() 的呼叫結束時您總是會得到一個有效的動作或者 0：

```
var discreteActionsOut = actionsOut.DiscreteActions;
discreteActionsOut[0] = 0;
```

3. 然後，對於每個鍵（D、W、A 和 S）檢查它是否正在被使用，並發送適當的動作：

```
if(Input.GetKey(KeyCode.D))
{
    discreteActionsOut[0] = 3;
}
else if(Input.GetKey(KeyCode.W))
{
    discreteActionsOut[0] = 1;
}
else if (Input.GetKey(KeyCode.A))
{
    discreteActionsOut[0] = 4;
}
```

```
else if (Input.GetKey(KeyCode.S))
{
    discreteActionsOut[0] = 2;
}
```

 這些數字完全是任意的。只要它們保持一致並且不重疊,它們是什麼都沒
關係。一個數字始終代表一個方向(在人類控制下對應於按鍵)。

這就是 Heuristic() 函數的全部內容。

接下來,我們需要實作 MoveAgent() 函數,這將允許 ML-Agents 框架控制代理人以進行
訓練和推理:

1. 首先,我們將實作函數:

   ```
   public void MoveAgent(ActionSegment<int> act)
   {

   }
   ```

2. 然後,在那裡面,我們將會用於移動的方向和旋轉歸零:

   ```
   var direction = Vector3.zero;
   var rotation = Vector3.zero;
   ```

3. 將來自 Unity ML-Agents Toolkit 的動作指派給更容易讀的東西:

   ```
   var action = act[0];
   ```

4. 現在我們將開啟那個動作,並適當地設定方向或旋轉:

   ```
   switch (action)
   {
       case 1:
           direction = transform.forward * 1f;
           break;
       case 2:
           direction = transform.forward * -1f;
           break;
       case 3:
           rotation = transform.up * 1f;
           break;
       case 4:
           rotation = transform.up * -1f;
           break;
   ```

```
        case 5:
            direction = transform.right * -0.75f;
            break;
        case 6:
            direction = transform.right * 0.75f;
            break;
    }
```

5. 然後，在 switch 之外，我們將對任何的旋轉採取行動：

```
transform.Rotate(rotation, Time.fixedDeltaTime * 200f);
```

6. 我們還將透過向代理人的 Rigidbody 施加力來對任何方向採取行動：

```
agentRigidbody.AddForce(direction * 1, ForceMode.VelocityChange);
```

這就是 MoveAgent() 的全部內容。請再次儲存您的程式碼。

最後，我們現在需要實作 OnActionReceived() 函數，它只是要將接收到的動作傳遞給我們的 MoveAgent() 函數：

1. 建立函數：

```
public override void OnActionReceived(ActionBuffers actions)
{

}
```

2. 呼叫您自己的 MoveAgent() 函數，傳入離散的動作：

```
MoveAgent(actions.DiscreteActions);
```

3. 並根據步數來設定負獎勵以懲罰代理人：

```
SetReward(-1f / MaxStep);
```

這種負獎勵有望鼓勵代理人節省它的移動並採取儘量少的動作，以最大化它的獎勵並達成我們想要的目標。

這就是現在的所有東西了。在繼續之前，請確保已儲存您的程式碼。

環境

在我們繼續之前,需要在設定環境方面做更多的管理工作,所以在 Unity Editor 中切換回您的場景。首先建立一個 GameObject 來容納牆壁,我們只是想要讓 Hierarchy 保持乾淨:

1. 在 Hierarchy 視圖單擊右鍵並選擇 Create Empty。將空的 GameObject 重新命名為「Walls」,如圖 4-15 所示。

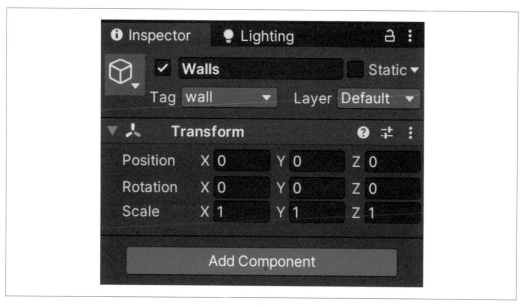

圖 4-15　命名後的牆壁物件

2. 選擇所有的四面牆壁(您可以按住 Shift 鍵並一一單擊它們,或者在單擊第一面牆壁後按住 Shift 鍵然後再單擊最後一面)並將它們拖曳到新的牆壁物件下。它應該如圖 4-16 所示。

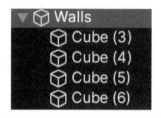

圖 4-16　牆壁被封裝的很好

現在我們將建立一個空的 GameObject 來儲存整個環境：

1. 在 Hierarchy 視圖單擊右鍵並選擇 Create Empty。將空的遊戲物件重新命名為「Environment」。

2. 在 Hierarchy 視圖中，把我們剛剛製作的牆壁物件以及代理人、地板、方塊、和目標拖到新的環境物件中。此時它應該如圖 4-17 所示。

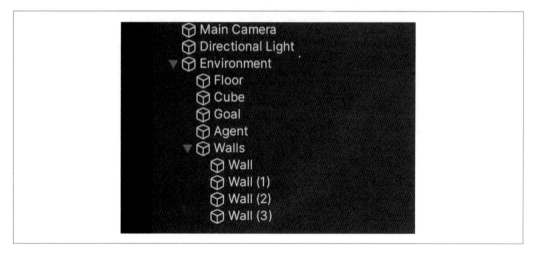

圖 4-17　封裝後的環境

接下來，我們需要在我們的代理人上配置一些東西：

1. 在 Hierarchy 視圖中選擇代理人，然後向下捲動到您在 Inspector 視圖中添加的腳本。將地板物件從 Hierarchy 視圖拖到 Inspector 中的 Floor 槽位（slot）中。

2. 對整體的環境 GameObject、目標、和方塊執行相同的操作。在編輯器中將 Max Steps 設定為 5000，這樣代理人就不會花費無限的時間將方塊推動到目標。您的 Inspector 應該如圖 4-18 所示。

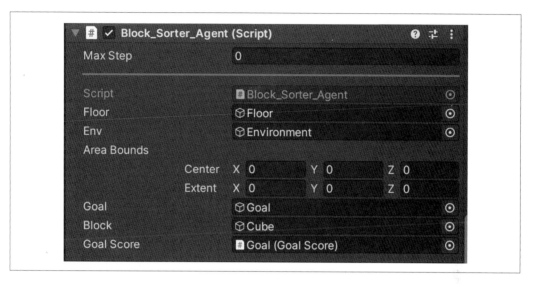

圖 4-18　代理人腳本屬性

3. 現在，使用代理人的 Inspector 中 Add Component 按鈕，添加一個 DecisionRequester 腳本並將其 Decision Period 設定為 5，如圖 4-19 所示。

圖 4-19　Decision Requester 組件，添加到代理人並進行適當地配置

4. 添加兩個 Ray Perception Sensor 3D 組件，每個組件都有三個可偵測的標籤：block（方塊）、goal（目標）、和 wall（牆壁），設定如圖 4-20 所示。

   回到第 37 頁的「讓代理人觀察環境」小節中，我們說過您可以透過程式碼或組件來添加觀察值。在那裡是完全透過程式碼來完成。在這裡，我們將完全透過組件來完成。這裡所說的組件就是我們剛剛添加的 Ray Perception Sensor 3D 組件。

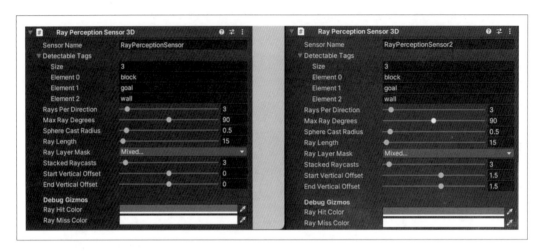

圖 4-20　兩個 Ray Perception 感測器

 這次我們的代理人中甚至沒有 CollectObservations 方法，因為所有觀察值都是透過我們在編輯器中所添加的 Ray Perception Sensor 3D 組件來收集的。

5. 我們需要把剛剛用的標籤添加到我們真正想要標記的物件中。標籤允許我們根據它們被標記的內容來參照物件，因此如果某物被標記為「wall」，我們就可以把它看作是牆壁，依此類推。在 Hierarchy 中選擇方塊，並使用 Inspector 來添加一個新標籤，如圖 4-21 所示。

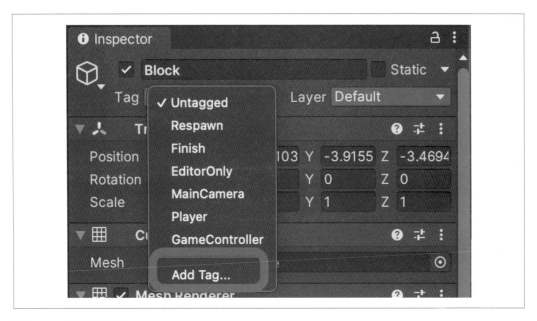

圖 4-21　添加新標籤

6. 將新標籤命名為「block」，如圖 4-22 所示。

圖 4-22　命名新標籤

7. 最後，將新標籤附加到方塊上，如圖 4-23 所示。

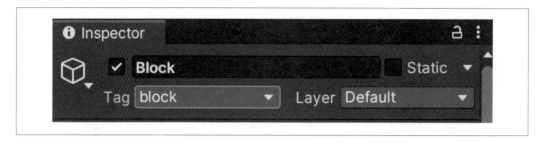

圖 4-23 　將標籤附加到物件

8. 使用「goal」標籤對目標重複此操作，並對所有牆壁組件使用「wall」標籤。
   有了這些之後，我們添加的 Ray Perception Sensor 3D 組件將只能「看到」帶有
   「block」、「goal」或「wall」標籤的東西。如圖 4-24 所示，我們添加了兩層的
   Ray Perception 感測器，它們從所附著的物件射出一條線，並回報該線首先擊中的
   東西（在這種情況下，只會是牆壁、目標、或方塊）。我們添加了兩個會以不同角
   度交錯的感測器。它們只能在 Unity Editor 中看到。

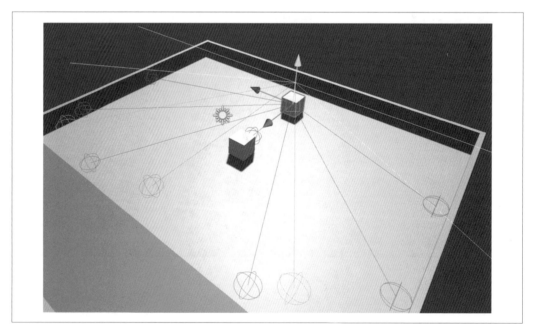

圖 4-24 　Ray Perception Sensor 3D 組件

9. 最後，使用 Add Component 按鈕來添加一個 Behavior Parameters 組件。將此行為命名為「Push」並設定參數，如圖 4-25 所示。

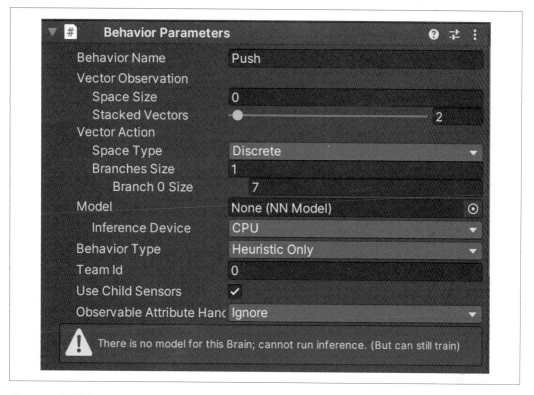

圖 4-25　代理人的 Behavior Parameters

在 Unity Editor 中儲存您的場景。現在我們將對我們的方塊做一些配置：

1. 向方塊添加一個新腳本，將它命名為「GoalScore」。

2. 開啟腳本，添加一個屬性來參照代理人：

   ```
   public Block_Sorter_Agent agent;
   ```

   您在此處建立的屬性類型應該和附加到代理人類別的類別名稱符合。

這次您不需要將父級更改為 Agent 或匯入任何 ML-Agents 組件，因為此腳本不是代理人。這只是一個常規腳本。

3. 添加一個 OnCollisionEnter() 函數：

```
private void OnCollisionEnter(Collision collision)
{

}
```

4. 在 OnCollisionEnter() 中，添加以下程式碼：

```
if(collision.gameObject.CompareTag("goal"))
{
    agent.GoalScored();
}
```

5. 儲存腳本並返回 Unity，並在 Hierarchy 中選擇方塊，將代理人從 Hierarchy 拖到新的 GoalScore 腳本中的 Agent 槽位中。如圖 4-26 所示。

圖 4-26　GoalScore 腳本

不要忘記再次儲存場景。

訓練和測試

借助 Unity 和 C# 腳本中建構的所有內容，是時候來訓練代理人並了解模擬的工作原理了。我們將遵循在第 43 頁的「用模擬來訓練」中所遵循的相同過程：建立一個新的 YAML 檔案作為我們訓練的超參數。

以下是設定超參數的方法：

1. 建立一個新的 YAML 檔案來作為訓練的超參數。我們的稱為 *Push.yaml* 並包含以下的超參數和值：

```
behaviors:
  Push:
    trainer_type: ppo
    hyperparameters:
      batch_size: 10
      buffer_size: 100
      learning_rate: 3.0e-4
      beta: 5.0e-4
      epsilon: 0.2
      lambd: 0.99
      num_epoch: 3
      learning_rate_schedule: linear
    network_settings:
      normalize: false
      hidden_units: 128
      num_layers: 2
    reward_signals:
      extrinsic:
        gamma: 0.99
        strength: 1.0
    max_steps: 500000
    time_horizon: 64
    summary_freq: 10000
```

2. 接下來，在我們之前在第 19 頁的「設定」小節中所建立的 venv 中，透過在終端機中執行以下命令來啟動訓練過程：

```
mlagents-learn _config/Push.yaml_ --run-id=PushAgent1
```

將 *config/Push.yaml* 替換成您剛剛建立的配置檔案的路徑。

3. 命令啟動並執行後，您應該會看到如圖 4-27 所示的內容。此時，您可以按下 Unity 中的 Play 按鈕。

當您看到如圖 4-28 所示的輸出時，您將會知道正在執行訓練過程。

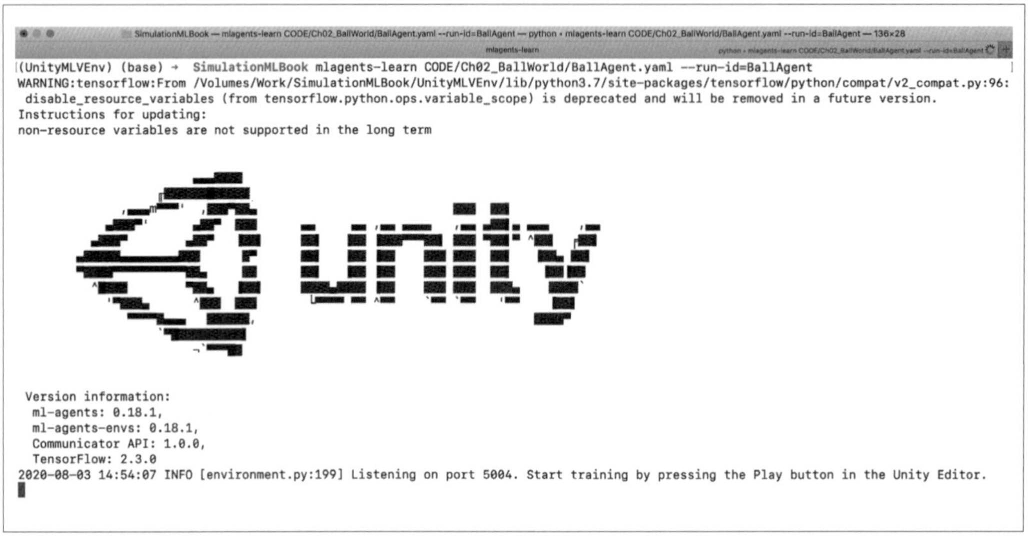

```
● ● ●        SimulationMLBook — mlagents-learn CODE/Ch02_BallWorld/BallAgent.yaml --run-id=BallAgent — python ▸ mlagents-learn CODE/Ch02_BallWorld/BallAgent.yaml --run-id=BallAgent — 136×28
                                                            mlagents-learn                                                            python ▸ mlagents-learn CODE/Ch02_BallWorld/BallAgent.yaml --run-id=BallAgent
(UnityMLVEnv) (base) → SimulationMLBook mlagents-learn CODE/Ch02_BallWorld/BallAgent.yaml --run-id=BallAgent
WARNING:tensorflow:From /Volumes/Work/SimulationMLBook/UnityMLVEnv/lib/python3.7/site-packages/tensorflow/python/compat/v2_compat.py:96:
 disable_resource_variables (from tensorflow.python.ops.variable_scope) is deprecated and will be removed in a future version.
Instructions for updating:
non-resource variables are not supported in the long term




       Version information:
         ml-agents: 0.18.1,
         ml-agents-envs: 0.18.1,
         Communicator API: 1.0.0,
         TensorFlow: 2.3.0
2020-08-03 14:54:07 INFO [environment.py:199] Listening on port 5004. Start training by pressing the Play button in the Unity Editor.
```

圖 4-27　ML-Agents 流程開始訓練

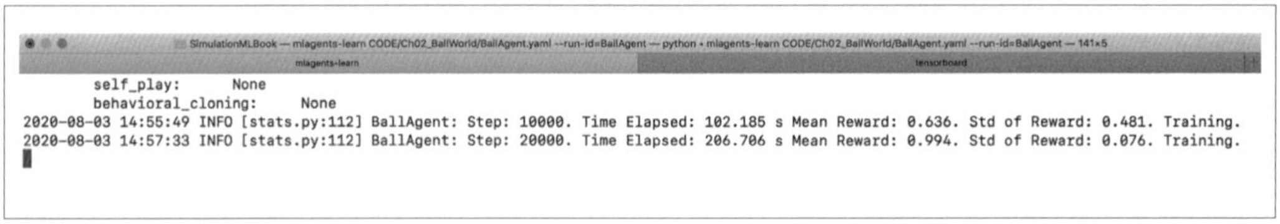

```
● ● ●        SimulationMLBook — mlagents-learn CODE/Ch02_BallWorld/BallAgent.yaml --run-id=BallAgent — python ▸ mlagents-learn CODE/Ch02_BallWorld/BallAgent.yaml --run-id=BallAgent — 141×5
                                             mlagents-learn                                                                           tensorboard
          self_play:        None
          behavioral_cloning:      None
2020-08-03 14:55:49 INFO [stats.py:112] BallAgent: Step: 10000. Time Elapsed: 102.185 s Mean Reward: 0.636. Std of Reward: 0.481. Training.
2020-08-03 14:57:33 INFO [stats.py:112] BallAgent: Step: 20000. Time Elapsed: 206.706 s Mean Reward: 0.994. Std of Reward: 0.076. Training.
```

圖 4-28　訓練期間的 ML-Agents 過程

訓練完成後，請參閱第 47 頁的「訓練完成時」小節，了解如何對產生的 .nn 或 .onnx 檔案進行微調。

使用模型來執行代理人，然後觀察它的運作！

第 5 章

建立一輛自動駕駛汽車

到目前為止，您建構的兩個模擬都是相當抽象的概念（球在虛空中圍繞著平面滾動、立方體推動其他立方體等等）但機器學習的模擬確實非常有用（我們掛保證）。在本章中，我們將在 Unity 中製作一個非常簡單的自動駕駛汽車，並使用強化學習來訓練它駕駛。從某種意義上說，您可以將經過訓練的模型載入到真實的實體汽車中，雖然這並不實用，但它展示了您在模擬環境中可以做的事情是可以超越抽象層次的。

您的時代來臨了！基本上，為了世界的利益，您將建造自己的自動駕駛汽車（圖 5-1）。

圖 5-1　在軌道上的自動駕駛汽車。在某人的家、用某人的 iPad 所作。

我們的自動駕駛汽車只會存在於它自己的美麗虛空中，而不是討厭的現實世界 —— 所以我們可以避免所有那些令人討厭的道德困境，例如說如果我們面前有一個人該怎麼辦（我們將在本書後面部分解決這個問題）。我們的汽車將學習如何駕駛，如此而已。準備好了嗎？

建立環境

我們需要進行的第一件事是汽車所存在的美麗虛空。它將由幾件事組成，其中最重要的是汽車將行駛的軌道。在建立軌道之後，我們將建立汽車本身，然後設定一切來使用機器學習系統。

這個世界的關鍵部分是軌道，也就是汽車行駛的東西、以及汽車本身。就這樣。我們承認，這是一款非常簡單的自動駕駛汽車。

我們將在 Unity Editor 中的場景中完成這項工作，就像我們到目前為止所做的模擬一樣。它將涉及組裝我們的汽車所存在的世界以及汽車本身。此活動與之前的活動之間的主要區別在於，我們將提供一組可下載的資產，用於建構汽車的軌道。

在繼續之前，請執行以下操作：

1. 新建一個 3D Unity 專案（我們的專案名為「SimpleCar」），如圖 5-2 所示。

圖 5-2　在 Unity Hub 中建立新的 3D 專案

2. 將 Unity ML-Agents 套件匯入 Unity 專案（請參閱第 22 頁的「建立 Unity 專案」小節）。

3. 確保您的 Python 環境已準備就緒（請參閱第 19 頁的「設定」小節）。

軌道

我們要製作的第一件東西是軌道。我們的軌道將變得又好又簡單，因為我們要確保能夠明顯的揭露自動駕駛汽車的工作原理。這裡將有兩個基本構件：一個直線構件，如圖 5-3 所示，一個轉角構件，如圖 5-4 所示。

圖 5-3　我們軌道的直線構件

圖 5-4　我們軌道的一個轉角構件

每一段軌道都由地板和一些障礙牆組成。現在讓我們來製作直線構件：

1. 建立一個新平面。將其命名為「Track」，並用「track」進行標記。

2. 在 Project 視圖中建立一個材質，將其命名為「TrackMaterial」，這樣您就可以知道它的用途，並且給它一個漂亮的道路顏色。我們的是黑色，但請隨意發揮您的創意。將此材質指派給軌道平面。

3. 建立一個新立方體，並使用 Inspector 將其縮放設定為 (1，1，10)，讓它又細又長。使用您之前使用的捕捉工具將立方體放置在平面的一個邊緣。

4. 在 Project 視圖中建立一個材質，將其命名為「WallMaterial」，並為其賦予漂亮的顏色。將此材質指派給立方體。

5. 複製此立方體，並將它移動到平面的另一側。您的作品應該如圖 5-5 所示。

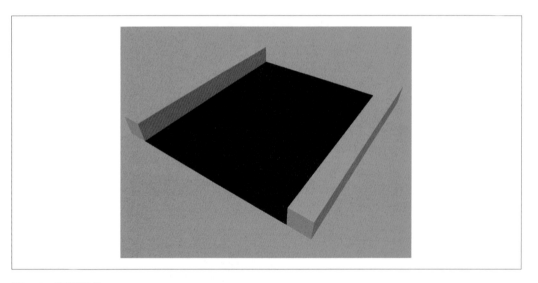

圖 5-5　直線構件

6. 將兩個牆壁構件命名為「Wall」這個名稱的某種變體，並為它們指派標籤「wall」。

7. 建立一個空的 GameObject，並將其命名為「Track_Piece」這個名稱的某種變體，並使其成為軌道平面和兩面牆的父物件，如圖 5-6 所示。

圖 5-6　Hierarchy 中的軌道構件

8. 接下來，選擇軌道構件的父物件，然後選擇 Assets 選單→ Create → Prefab，如圖 5-7 所示。

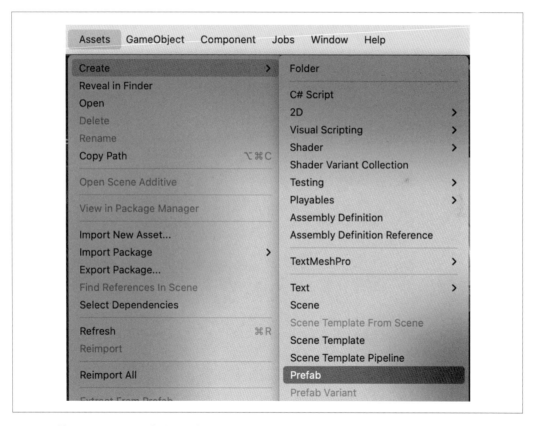

圖 5-7　使用 Assets 選單來建立預製件

現在，您將在 Project 窗格中擁有一個軌道預製件，這是一條可複製的軌道。您只要一修改預製件就會更新所有用到它的地方。我們將很快使用這個預製件來組裝軌道。

 您還可以從 Hierarchy 中單擊並拖曳父物件到 Project 窗格中以建立預製件。

接下來，我們將製作轉角構件：

1. 在場景中，建立另一個新平面。將其命名為「CornerTrack」，並用「track」來標記它（使用和上一個構件相同的軌道標記）。將先前建立的軌道材質指派給它。

2. 建立一個新立方體，並使用 Inspector 將它的縮放設定為 (1, 1, 10)，讓它又細又長。使用您之前使用的捕捉工具將立方體放置在平面的一個邊緣。將先前建立的牆壁材質指派給它。

3. 複製立方體並將其移動到平面的一側，來製作一個轉角。您的作品應該如圖 5-8 所示。

圖 5-8　到目前為止的轉角構件

4. 建立一個新立方體並將其放在對角，如圖 5-9 所示。

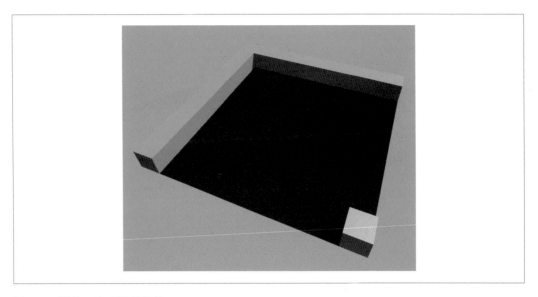

圖 5-9　對角，完成轉角構件

5. 將三個牆壁構件命名為「Wall」這個名稱的一些變體，並將所有三個牆壁都指派為「Wall」標籤，和前一構件中的牆壁相同。

6. 建立一個空的 GameObject，將其命名為「Corner Piece」這個名稱的某種變體，並使其成為軌道平面和三面牆壁的父物件，如圖 5-10 所示。

圖 5-10　轉角構件的階層

7. 接下來，選擇轉角構件的父物件，然後選擇 Assets 選單→ Create → Prefab。

現在，您的 Project 窗格中將有一個轉角預製件，就在軌道預製件旁。我們使用的材質如圖 5-11 所示。

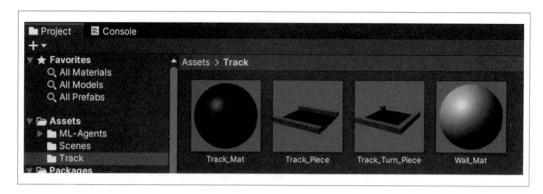

圖 5-11　兩個軌道預製件及其材質

 如果您對 Unity 還算熟悉，您可以隨心所欲地製作自己的軌道構件！教您要如何做此事超出了本書的範圍，但這是一個很好的學習練習。我們建議您嘗試使用出色的開源 3D 建模工具 Blender。如果您在同一台機器上安裝了 Blender 和 Unity，並將 .blend 檔案拖曳到 Unity 中，您可以直接在 Unity 中使用該檔案，您在 Blender 中所做和儲存的任何更改都會自動地進行反射（reflect）。

使用 Unity 的工具，就像您在之前的活動中使用捕捉一樣，將構件相鄰放置以佈置軌道。我們的版本如圖 5-12 所示，但您的版本現在的樣子並不重要。您需要做的就是製作出和我們的軌道的複雜性差不多的軌道。

圖 5-12　我們的訓練軌道

 如果您對製作自己的軌道感到不自在，可以在本書的可用資產中找到一個
預製的軌道。下載資產後，您可以透過開啟檔案 *CarPremadeTrack.*
unitypackage 並將其匯入您的 Unity 專案來使用這個軌道。

汽車

接下來，當然，我們需要一輛車。我們的汽車不需要很複雜，也不會以任何方式裝配或
繪製動畫（也就是車輪不會動，燈也不會運作）。它甚至可以做成一個立方體，但為了
好玩，我們會讓它看起來像一輛汽車。

要讓汽車進入場景，請按照下列步驟進行操作：

1. 從 Sketchfab 下載一輛好車，如圖 5-13 所示。我們用的可以在這裡（*https://oreil. ly/puzjd*）找到，但用任何車都可以。

圖 5-13　我們將要使用的汽車

2. 透過把 *.blend* 檔案拖曳到 Assets 視圖中來把汽車匯入您的 Unity 專案。

3. 接下來，在 Hierarchy 中建立一個空的 GameObject，並將它命名為「Car」。

4. 給汽車添加一個 Rigidbody 組件，如圖 5-14 所示。

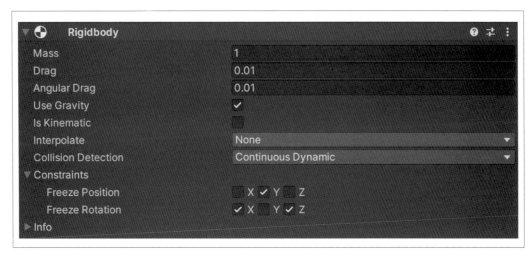

圖 5-14　汽車的 Rigidbody 組件

5. 給汽車添加一個 Box Collider，如圖 5-15 所示。

圖 5-15　汽車的 Box Collider

6. 將新添加的汽車模型拖曳到汽車的 GameObject 裡面，如圖 5-16 所示。請確保 GameObject 內的汽車模型位於 (0,0,0)。

圖 5-16　汽車的 GameObject，它的裡面有模型

 請確保 Rigidbody 和 Box Collider 組件連接到最上面的汽車 GameObject（您建立的那個），而不是透過將模型添加到場景中時所建立的內部 GameObject。

7. 將汽車 GameObject 定位在軌道上、置中、且在您的起點位置（具體位置並不重要）。我們的如圖 5-17 所示。

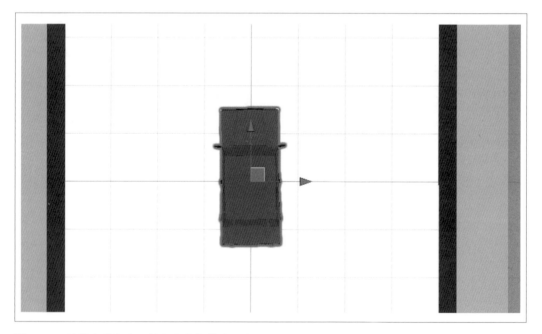

圖 5-17　軌道上的汽車，放在它的起始位置上

這就是場景裡環境的所有內容，所以不要忘記儲存它。

為機器學習設定

接下來，我們需要將專案設定為 ML 模擬。和之前一樣，我們將透過安裝 ML-Agents Unity 套件並在 Unity Editor 中向 GameObject 添加一些組件來做到這一點：

1. 使用 Unity Package Manager 來安裝 Unity ML-Agents Toolkit。如果您需要有關如何執行此操作的提示，請參閱第 2 章。

2. 安裝完成後，將一個 Behavior Parameters 組件添加到汽車的 GameObject 中，如圖 5-18 所示。

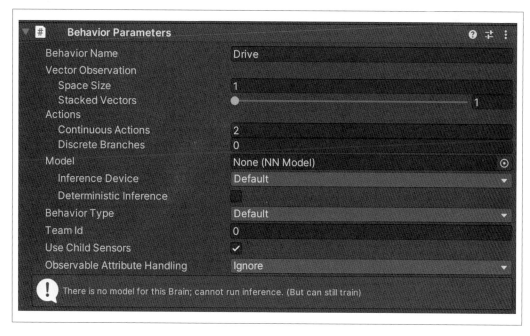

圖 5-18　汽車的新 Behavior Parameters 組件

3. 接下來，在汽車的 GameObject 中添加一個 Decision Requester 組件，如圖 5-19 所示。

圖 5-19　被添加到汽車的 Decision Requester 組件

此時您可能應該儲存 Unity 場景。完成後，是時候來製作汽車的腳本了：

1. 在 Unity Editor 中透過向汽車的 GameObject 添加一個組件來建立一個新腳本。將其命名為「CarAgent」或類似名稱。

2. 開啟新建立的 CarAgent 腳本資產，並在其中匯入 Unity ML-Agents Toolkit 的相應部分以及樣板（boilerplate）匯入：

```
using Unity.MLAgents;
using Unity.MLAgents.Sensors;
```

3. 更新 CarAgent 來讓它繼承 Agent，並刪除 Unity 提供的所有樣板程式碼：

```
public class CarAgent : Agent
{
}
```

和之前的模擬一樣，為了成為代理人，我們的汽車需要繼承來自於 Unity ML-Agents 套件的 Agent。

4. 添加一些變數：

```
public float speed = 10f;
public float torque = 10f;

public int progressScore = 0;

private Transform trackTransform;
```

我們將儲存汽車的 speed 和 torque（以便可以調整它們）還有 progressScore。如果我們願意的話，它可以讓我們顯示和使用分數（沿著軌道的進度）。

我們還將建立一個儲存 trackTransform 的地方，我們將根據汽車在軌道上的位置來對其進行更新。Transform 型別代表您建立的 3D 場景中的一個位置，這是來自 Unity 的型別。

5. 實作 Heuristic() 方法，以便您（人類）可以根據需要來測試和控制汽車：

```
public override void Heuristic(float[] actionsOut)
{
    actionsOut[0] = Input.GetAxis("Horizontal");
    actionsOut[1] = Input.GetAxis("Vertical");
}
```

這個 Heuristic() 方法和我們在稍早的模擬中所做的非常相似：它允許我們獲取 actionsOut 陣列的兩個元素，並將它們分別指派給 Unity 輸入系統的 Horizontal 軸和 Vertical 軸。在 Unity 輸入系統中指派給 Horizontal 軸和 Vertical 軸的任何鍵都將控制進入 actionsOut 的內容。

我們在這裡使用 Unity 的「Classic」輸入系統。技術上，它已被新的輸入系統所取代，但與遊戲引擎中的大多數東西一樣，並沒有任何東西被刪除掉，並且在這裡使用新輸入系統而增加的複雜性並不會帶來任何優勢。您可以在 Unity 說明文件（*https://oreil.ly/RimPC*）中了解 Classic 輸入系統，並了解 Input Manager（*https://oreil.ly/EDMPw*），它允許您配置哪些鍵要指派給哪些軸。

您可以透過選擇 Edit 選單 → Project Settings，然後從結果對話框的側欄中選擇 Input Manager 來選擇將哪些鍵指派給軸。預設情況下會指派鍵盤上的箭頭鍵。

6. 建立一個 PerformMove() 方法，該方法會採用三個浮點數（水平移動、垂直移動、和增量時間）並適當地平移和旋轉汽車：

```
private void PerformMove(float h, float v, float d)
{
    float distance = speed * v;
    float rotation = h * torque * 90f;

    transform.Translate(distance * d * Vector3.forward);
    transform.Rotate(0f, rotation * d, 0f);
}
```

我們將使用這個 PerformMove() 方法來移動汽車，不論是透過人工控制還是機器學習大腦。這裡唯一會發生的事情是我們對汽車（位置）的轉換上呼叫了 Translate 和 Rotate（因為這個腳本已經被當作是一個組件來附加到場景中的汽車代理人），以便移動它：

1. 重寫 OnActionReceived() 方法，它是透過 Unity ML-Agents 框架來成為 Agent 的必需部分：

    ```
    public override void OnActionReceived(float[] vectorAction)
    {
        float horizontal = vectorAction[0];
        float vertical = vectorAction[1];

        PerformMove(horizontal, vertical, Time.fixedDeltaTime);
    }
    ```

    我 們 的 OnActionReceived() 方 法 使 用 了 從 ML-Agents 框 架 所 接 收 到 的 兩 個 vectorAction 動作、映射到水平和垂直軸、獲取最後或目前的預移動位置、並呼叫我們剛才建立的 PerformMove() 函數來執行移動。

    我們很快會在這個方法中添加一些獎勵功能，但我們暫時保持原樣。

2. 接下來，實作 CollectObservations()，這是 ML-Agents 框架方法的另一個覆寫：

    ```
    public override void CollectObservations(VectorSensor vectorSensor)
    {
        float angle = Vector3.SignedAngle
            (trackTransform.forward, transform.forward, Vector3.up);
        vectorSensor.AddObservation(angle / 180f);
    }
    ```

CollectObservations() 用來向 ML-Agents 系統提供有關環境的資訊。觀察值是代理人知道的關於它所生活的世界的資訊，您會提供多少資訊完全取決於您自己。

在汽車代理人的情況下，我們在 CollectObservations() 中所做的唯一事情就是比較汽車的方向和軌道的方向。這使用了我們稍早所建立的 trackTransform，它儲存了汽車的目前位置。這一初步觀察值為汽車提供了一些可以使用的東西：它需要最小化這個角度才能依循軌道。這是一個有正負號的角度，介於 -180 和 180 之間，用於告訴汽車是否需要向左或向右轉向。

現在我們將簡單地跳回到 Unity Editor，透過組件來添加一些額外的觀察值。正如我們之前所說，並非所有觀察值都必須透過程式碼到達，有些可以透過 Unity Editor 中的組件來添加。請儲存您的程式碼並返回您的 Unity 場景：

1. 在 Hierarchy 中選擇 agent 的父物件，並使用 Inspector 中的 Add Component 按鈕來添加兩個 Ray Perception Sensor 3D 組件。

2. 給它們取個合理的名稱（例如，「RayPerceptionSensor1」、「RayPerceptionSensor2」）。

3. 將其中之一設定成圖 5-20 所示的參數。

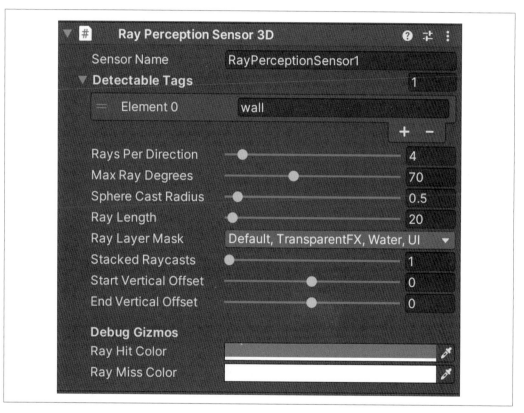

圖 5-20　兩個 Ray Perception Sensor 3D 組件中的第一個

如圖 5-21 所示，該感測器會從汽車的任一側發出 4 條光線、從前方發出 1 條光線。

圖 5-21　第一個感測器的光線投射

4. 將另一個 Ray Perception Sensor 3D 組件設定成如圖 5-22 所示的參數。

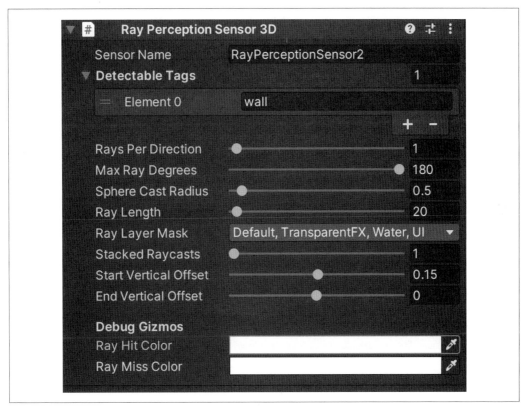

圖 5-22　兩個 Ray Perception Sensor 3D 組件中的第二個

 重要的是，這兩個感測器都設定成只會偵測帶有「wall」標籤的物體。

此感測器會從汽車前方發出一束光線、從後方直接發出一束，如圖 5-23 所示。

 如果我們沒有覆寫 CollectObservations() 並在程式碼中實作它的話，如果我們願意，仍然可以透過編輯器中的組件專門向我們的代理人提供觀察值。

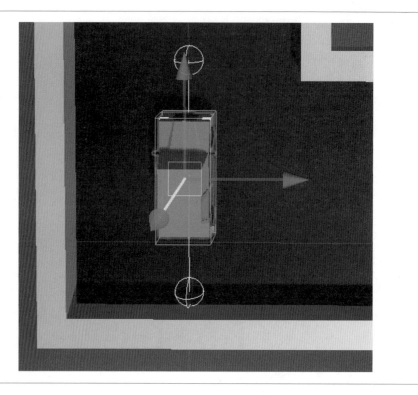

圖 5-23　第二個感測器的光線投射

5.　儲存場景，然後返回到程式碼編輯器中的代理人腳本。

現在我們將實作我們自己的函數，名為 TrackProgress()。它將用於計算獎勵系統：

```
private int TrackProgress()
{
    int reward = 0;
    var carCenter = transform.position + Vector3.up;

    // 我在哪裡？
    if (Physics.Raycast(carCenter, Vector3.down, out var hit, 2f))
    {
        var newHit = hit.transform;

        // 我在一個新地點上嗎？
        if (trackTransform != null && newHit != trackTransform)
        {
```

```
        float angle = Vector3.Angle
            (trackTransform.forward, newHit.position - trackTransform.position);
        reward = (angle < 90f) ? 1 : -1;
    }

    trackTransform = newHit;
}

return reward;
}
```

如果我們向前移動到道路的新部分，TrackProgress() 將傳回 1，如果我們向後移動時，則傳回 -1，在其他情況下則會傳回 0。

它是透過使用以下邏輯來做到這一點：

* 它將光線從汽車物件的中間向下投射到地面。

* 使用來自該光線的資訊，它可以知道汽車目前在軌道的哪個圖塊上。

* 如果目前的圖塊與上一個圖塊不同，則計算圖塊的方向與汽車位置（相對於圖塊）之間的角度。

* 如果該角度小於 90 度，則它會向前移動；否則，它會往後退。

讓汽車能夠知道它是否有在前進是很重要的；否則，它將不知道何時會獲得獎勵。這就是這個函數的用途。接下來，我們需要建立一些新方法：

1. 首先我們需要實作 OnEpisodeBegin()，這是另一個 ML-Agents 框架的方法的覆寫：

    ```
    public override void OnEpisodeBegin()
    {
        transform.localPosition = Vector3.zero;
        transform.localRotation = Quaternion.identity;
    }
    ```

    我們在這裡沒有做太多事情：只是將汽車的本地端位置和旋轉分別設定為 zero 和 identity。這個函數在每段情節開始時會被呼叫，因此我們使用它來重設汽車的本地端位置和旋轉。

2. 下一個要實作的方法是 OnCollisionEnter()，我們將使用它來確保汽車代理人會因為和牆壁碰撞而受到相對應的懲罰：

```
private void OnCollisionEnter(Collision collision)
{
    if (collision.gameObject.CompareTag("wall"))
    {
        SetReward(-1f);
        EndEpisode();
    }
}
```

OnCollisionEnter() 是 Unity 物件的標準部分，只要有東西和場景中的另一個物件發生碰撞時，就會呼叫它。在這種情況下，我們會檢查被碰撞的東西是否被標記為「wall」。我們將很快就會在 Unity Editor 中使用「wall」和其他一些有用的標籤來標記環境中的物件。如果汽車代理人確實與牆壁發生碰撞，它會受到 -1 獎勵的懲罰，並且被當作是 ML-Agents 的一部分的 EndEpisode() 函數會被呼叫以開始新的情節。

3. 接下來，我們將添加一個 Initialize() 方法，該方法會對 TrackProgress() 進行第一次呼叫：

```
public override void Initialize()
{
    TrackProgress();
}
```

Initialize() 是 Unity 的一部分，它會在第一次實例化物件時被呼叫。

4. 回到 OnActionReceived()，在我們之前編寫的程式碼的最後，在呼叫 PerformMove() 之後，我們將添加更多程式碼：

```
var lastPos = transform.position;

int reward = TrackProgress();

var dirMoved = transform.position - lastPos;
float angle = Vector3.Angle(dirMoved, trackTransform.forward);
float bonus = (1f - angle / 90f)
    * Mathf.Clamp01(vertical) * Time.fixedDeltaTime;
AddReward(bonus + reward);

progressScore += reward;
```

此程式碼首先會儲存汽車移動前的位置，然後呼叫 TrackProgress() 來檢查我們所在的圖塊是否發生了變化。

使用這兩個資訊，我們計算了一個向量 dirMoved，它表示了我們移動的方向，並使用它來獲取目前軌道圖塊和代理人之間的角度。

因為我們得到的角度是介於 0 到 180 度之間，所以如果將它映射到更小的值（0-2）會更容易。我們透過將它除以 90 來做到這一點。從 1 中減去它會得到一個小的紅利（隨著角度的增加而減少）。如果我們的角度大於 90 度，則它會變為負數。

這個結果再乘以垂直速度（為正），然後就可以得到獎勵。我們將整個事情乘以時間（Time.fixedDeltaTime），這樣我們每秒最多就只能獲得一個獎勵。

不要忘記將程式碼儲存在程式碼編輯器中，並將場景儲存在 Unity Editor 中。

訓練模擬

一切都建構完成後，我們將進行設定以開始訓練，然後將會看到我們簡單的自動駕駛汽車在實務中是如何運作的。第一步是將行為設定為啟發式，以便我們可以使用鍵盤來測試汽車，然後我們將進入訓練階段。

要將汽車代理人的行為類型設定為啟發式，請在 Unity Editor 中開啟場景，在 Hierarchy 中選擇代理人並將行為類型更改為 Heuristic，如圖 5-24 所示，然後在 Unity 中播放場景。

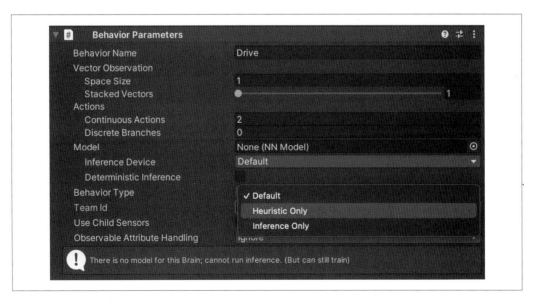

圖 5-24　將行為類型設定為 Heuristic

您將能夠使用您的鍵盤（很可能是箭頭和 WASD 鍵 —— 除非您在 Unity 輸入系統中對其進行了修改）在軌道上駕駛汽車。很神奇，對吧？

 要把車開的很好可能會很困難。

訓練

和前幾章一樣，要訓練模擬需要一個配置檔案和一些 ML-Agents 腳本來讀取它們：

1. 首先，我們需要慣用的 YAML 檔案來作為我們訓練的超參數。建立一個名為
   CarAgent.yaml 的新檔案，並包含以下的超參數和值：

```
behaviors:
  CarDrive:
    trainer_type: ppo
    hyperparameters:
      batch_size: 1024
      buffer_size: 10240
      learning_rate: 3.0e-4
      beta: 5.0e-3
      epsilon: 0.2
      lambd: 0.95
      num_epoch: 3
      learning_rate_schedule: linear
    network_settings:
      normalize: false
      hidden_units: 128
      num_layers: 2
      vis_encode_type: simple
    reward_signals:
      extrinsic:
        gamma: 0.99
        strength: 1.0
    keep_checkpoints: 5
    max_steps: 1.0e6
    time_horizon: 64
    summary_freq: 10000
    threaded: true
```

2. 接下來，在 Hierarchy 面板中選擇汽車代理人，並在 Behavior Parameters 組件的
   Behavior Type 下拉選單中選擇 Default，如圖 5-25 所示。

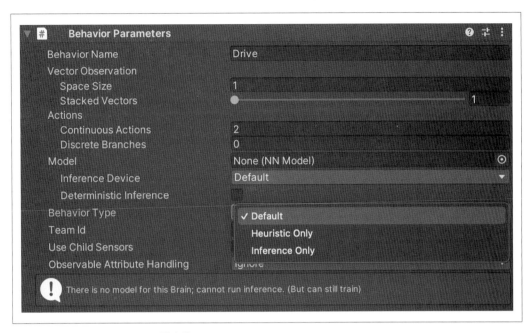

圖 5-25　將 Behavior Type 設定為 Default

3. 做好之後，您就可以開始訓練了。啟動我們之前建立的虛擬環境，並透過在終端
   機中執行以下命令來開始訓練過程：

   ```
   mlagents-learn config/CarAgent.yaml --run-id=CarAgent1
   ```

   　您需要將 YAML 檔案的路徑替換為剛才建立的配置檔案的路徑。

一旦您的系統執行了 mlagents-learn，您應該會看到類似於圖 5-26 的內容。請在 Unity
Editor 中按下 Play 按鈕。

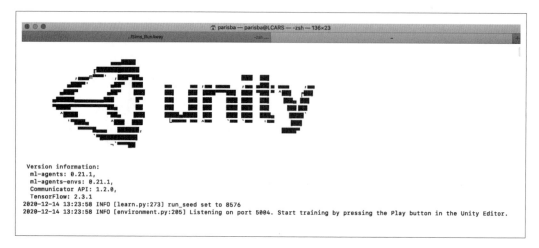

圖 5-26　準備開始訓練汽車

訓練將執行 **1.0e6** 步（也就是 **1,000,000** 步）。如果您願意，可以使用 TensorBoard 來監控訓練。有關它的詳細資訊，請參閱第 46 頁的「使用 TensorBoard 來監控訓練」。

訓練完成時

最終訓練將會完成，而您將擁有一個 *.onnx* 或 *.nn* 檔案，如圖 5-27 所示。

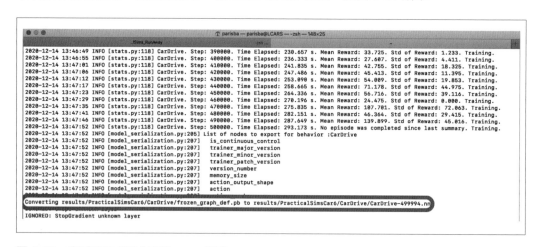

圖 5-27　當訓練完成時會寫出 *.onnx* 檔案

接下來，我們需要將新訓練的機器學習模型（儲存在 *.nn* 或 *.onnx* 檔案中）附加到代理人上：

1. 將新模型檔案拖曳到 Unity Editor 的 Project 窗格中，然後將它附加到您的代理人上，如圖 5-28 所示。

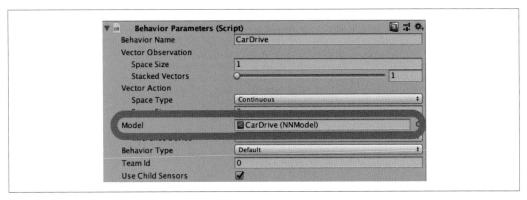

圖 5-28　在 Unity Editor 中附加模型檔案

2. 執行專案，觀看您的自動駕駛汽車在您的軌道上自動駕駛！真是太令人驚奇了！

第 6 章

介紹模仿學習

在本章中，我們將研究模仿學習（imitation learning, IL）。模仿學習和其他形式的機器學習略有不同，因為 IL 的目的不是達成特定目標。相反的，它的目的是要複製其他事物的行為。其他的什麼事物？應該是人類吧。

為了探索 IL，我們將製作另一個可以滾動的球形代理人，並將訓練它來尋找和撿起硬幣（經典的電玩遊戲式的撿拾）。但是，我們不是透過使用獎勵信號來強化行為來訓練它做我們想做的事情，而是使用我們自己的人腦來訓練它。

這意味著一開始時，我們將使用鍵盤來自己移動代理人，就像在前幾章中使用啟發式行為來控制代理人一樣。不同之處在於，當我們在這段時間內驅動代理人時，ML-Agents會監視著我們，一旦完成後，我們會使用 IL 來讓代理人計算出如何複製我們的行為。

 IL 不僅可以讓您建立更像人類的行為，它還可以用於從實質上啟動訓練。有些任務的初始學習曲線非常高，而要克服這些早期障礙的訓練可能會非常緩慢。如果有一個人可以向代理人展示如何完成一項任務，代理人可以在開始時把它用來當作是指導，然後從那裡開始對方法進行優化。對我們來說幸運的是，人類在很多事情上都很擅長，而 IL 讓您可以利用這一點。IL 的一個缺點是它不善於尋找新方法，並且通常會比其他方法更早達到峰值。它只能表現的和給它的示範一樣好。

IL 的主要優勢在於，和其他機器學習技術相比，您可以透過更少的訓練來快速地獲得結果。我們不必為這種情況設置任何的獎勵結構，因為獎勵信號將自動成為它和我們的行為的匹配程度，而不是其他更明確的東西。稍後我們將在第 7 章中討論如何將獎勵和 IL 一起使用。

在本章中，我們將使用一種稱為行為複製（behavioral cloning, BC）的特定 IL 方法，要使用 Unity 和 ML-Agents 來實作該方法相對簡單，但比其他技術具有更多限制。我們將在遇到這些限制時說明它們。

 Unity 還支援一種稱為生成對抗模仿學習（generative adversarial imitation learning, GAIL）的 IL 技術。我們將在第 7 章中使用 GAIL。

模擬環境

我們的 IL 模擬環境將相當地簡單和抽象。您可以在圖 6-1 中看到我們版本的影像。我們的環境將會有一個大平面作為我們的地面，一個球作為我們的代理人，一個扁平的圓柱體作為我們的目標硬幣（相信我們，這是一枚硬幣！）。

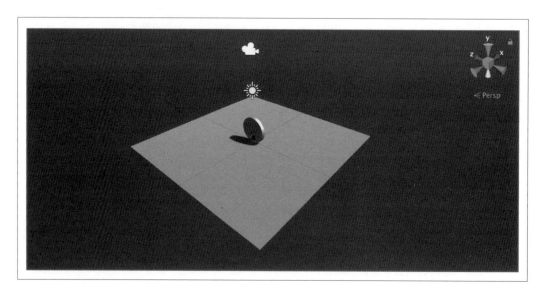

圖 6-1　我們將要建構的模擬

要建構模擬環境，我們需要：

- 製作地面。
- 製作目標。
- 製作代理人。

讓我們開始吧：

1. 使用 Unity Hub 來建立一個新的 3D Unity 專案。我們的命名為「Imitation-LearningBall」。

2. 匯入 Unity ML-Agents 套件。

3. 確保您的 Python 環境已準備就緒。

完成此操作後，繼續建構環境。

建立地面

首先，需要讓我們的地面存在，因為如果沒有地面，我們的球將很難在任何地方滾動。建立一個新的 Unity 專案、匯入 Unity ML-Agents 套件、並進入一個空場景之後，您還需要：

1. 建立一個平面，將其命名為「Ground」，並確保其位置為 (0, 0, 0)。

   現在地面已經正確定位，我們將很快給它一個不同的外觀，以便我們更容易將它和環境中其他即將存在的元素區分開來。

2. 在 Project 視圖中建立一個材質，將它命名為「GroundMaterial」，並透過更改 albedo 屬性為其賦予一個看起來像地面的漂亮顏色（我們建議使用漂亮的草綠色）。

3. 透過將材質拖曳到地面平面上來將它指派給地面平面。

完成後，您應該會看到類似於圖 6-2 的內容。

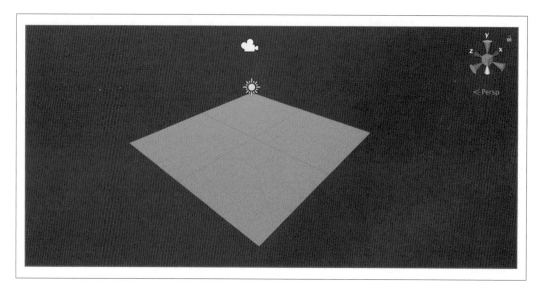

圖 6-2　我們的 IL 場景的地面平面

我們的地面已經準備好了，所以是時候來製作目標了。在繼續之前不要忘記儲存您的場景。

建立目標

對於目前這種情境，我們的目標是製作一枚大金幣。一個滾動的球還能渴望什麼？（如果馬利歐覺得它夠好，那麼我們的球也會覺得它夠好！）

要建立硬幣，請打開 Unity 場景並執行以下操作：

1.　建立一個新圓柱體並將其命名為「Goal」。

2.　使用 Inspector 將目標的位置更改為 (0, 0.75, 0)，將其旋轉更改為 (0, 0, 90)，並將其縮放更改為 (1.5, 0.1, 1.5)。

這給了我們一個漂亮的扁平圓盤，但它看起來不像硬幣，所以讓我們透過為它添加一點材質來改變這一點：

1.　建立一個新材質，並將其命名為和 Goal Coin 類似的名稱。

2.　使用 Inspector，將新材質的反照率（albedo）顏色設置為漂亮的金黃色。

3. 仍然在材質的 Inspector 中，將 Metallic 滑桿（slider）一直向右拖曳，直到讀數為 1.0，然後將 Smoothness 滑桿拖曳到 0.3 左右。

4. 將新材質拖曳到場景中的目標物件或 Hierarchy 中來應用它。

完成後，您應該有一個類似於圖 6-3 的硬幣。電玩遊戲真的很棒不是嗎？

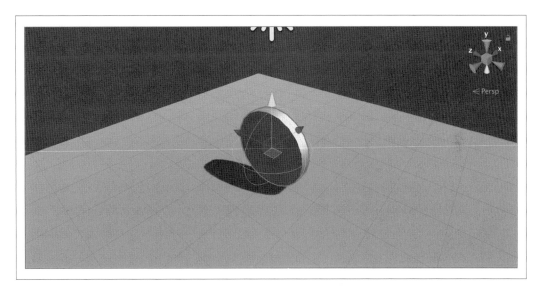

圖 6-3　我們的 IL 場景的目標硬幣

當然這不是電玩遊戲中的硬幣，除非它會慢慢轉動。這和機器學習或模擬的任何面向無關，但我們認為這非常重要：

1. 在 Hierarchy 中選擇硬幣。

2. 在 Inspector 中，單擊 Add Component 按鈕。

3. 在下拉選單中選擇 New Script 選項。

4. 將腳本命名為「CoinSpin」，然後按 Return。

5. 在程式碼編輯器中打開 *CoinSpin.cs* 腳本。

6. 將該檔案中的程式碼替換為以下程式碼：

```
using System.Collections;
using System.Collections.Generic;
using UnityEngine;

public class CoinSpin : Monobehavior
{
    public float speed = 10;
    void Update()
    {
        var rotationRate = Time.deltaTime * speed;
        transform.Rotate(Vector3.left * rotationRate);
    }
}
```

如果您想讓硬幣旋轉得更快或更慢，Unity Editor 的 Inspector 中會呈現一個 speed 浮點變數（因為它在程式碼中設定為 public）。

現在如果我們在 Unity 中播放場景，目標硬幣會慢慢地旋轉。太完美了。

 讓硬幣旋轉或將其染成閃亮的金色對於訓練來說完全沒有必要。然而，因為最初需要人類來推動球，所以值得花一點時間讓東西更清晰地描繪和變得有趣。人類不太喜歡看抽象的白色形狀，即使電腦不在乎，添加一點樂趣也不是什麼壞主意。

我們需要做的最後一件事是設定硬幣以處理它與球碰撞時的情況。

當您建立 Unity 的一個預定義多面體（就像我們塑造成硬幣的圓柱體）時，它帶有一個對撞機，它可以讓我們知道有東西撞到它了。預設情況下，Unity 將對撞機視為固體物件，但我們不希望這樣。我們不希望球從硬幣上反彈，我們希望它穿過它，並通知我們這就是發生的事情。

為此，我們需要將對撞機轉換為觸發體積空間：

1. 在 Hierarchy 中選擇硬幣。

2. 在 Inspector 中，找到 Capsule Collider 區段。

3. 勾選 Is Trigger 複選框以使其成為觸發器（trigger）。

現在，當物體與硬幣碰撞時，我們就不會像撞到牆壁一樣撞到它，而是會通知我們有東西撞到了它，但不會有物理效應。

我們仍然需要一種簡單的方法來讓球知道它擊中了硬幣而不是其他東西。正如我們在第5 章中所做的那樣，我們將為此使用 Unity Editor 的標籤。標籤讓您可以使用額外的元資料來快速地標記場景中的某些物件，雖然還有其他方法可以達到相同的效果，但標籤非常的輕量級又很方便：

1. 在 Hierarchy 中選擇硬幣。

2. 在 Inspector 中，選擇 Tag 下拉選單，如圖 6-4 所示。

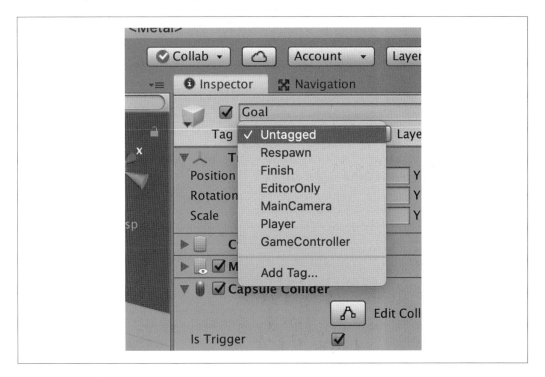

圖 6-4　初始標籤列表

有一些預定義的標籤，但我們不想要使用它們，所以必須自己製作：

1. 從下拉選單中選擇 Add Tag 選項。這將打開 Tag 編輯器，允許我們建立新的標籤。

2. 單擊 + 按鈕來建立一個新標籤。

3. 將標籤命名為「Goal」。

4. 在 Hierarchy 中選擇硬幣，然後從 Inspector 中打開 Tag 下拉選單。

5. 選擇新建立的「Goal」標籤，如圖 6-5 所示。

圖 6-5　修改後的標籤列表

現在我們的硬幣被標記為一個目標，稍後可以使用它來區分物件。我們的目標硬幣完成了！不要忘記進行存檔。

名稱的球，代理人球

是時候來製作我們的球代理人了。我們知道，思考任何形式的球體總是非常令人興奮，我們的球代理人也不例外。此時，我們將只設定球的物理屬性，而不是 ML 元素。

在 Unity Editor 中，執行以下操作：

1. 在 Hierarchy 中建立一個新球體，並將其命名為「Ball」。

2. 使用 Inspector，將球的位置設定為 (0, 0.25, 0)，將其縮放設定為 (0.5, 0.5, 0.5)。

3. 使用球的 Inspector 來添加一個 Rigidbody 組件。您不需要修改它的任何參數。

現在我們在場景中建立並放置了一個球，我們讓它成為一個 Rigidbody，所以它存在於物理系統中。

 Rigidbody 是允許球參與 Unity 物理系統的組件，並賦予它各種物理屬性，例如質量。

最後，我們要給球代理人一個不同的外觀：

1. 在 Assets 窗格中建立一個新材質。

2. 將其重新命名為「Ball_Mat」。

3. 從本書網站（*https://oreil.ly/1efRA*）下載本書的資產並找到檔案 *ball_texture.png*。將該檔案拖到 Unity 的 Project 窗格中。

4. 選擇球的材質。

5. 將球的紋理從 Assets 區段拖曳到 Inspector 中的 Albedo 欄位中。

6. 將材質從資產拖曳到場景中的球上。

現在我們在圖 6-6 中的球已經準備好了，看起來還不錯。如果您願意的話，可以隨意為球來製作自己的紋理。

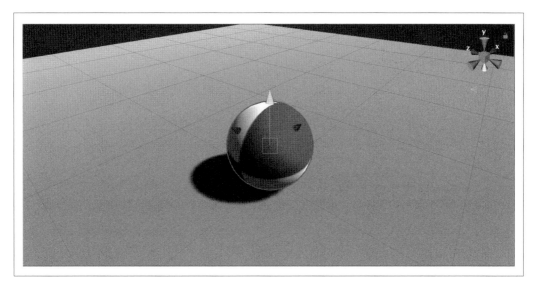

圖 6-6　我們的球應用了新材質

在繼續之前不要忘記儲存您的場景。

相機

即使在訓練中沒有使用相機（我們稍後會在第 10 章中討論），作為人類，我們需要能夠在驅動球時看到環境，所以要把相機定位在我們覺得適合的地方。

這裡沒有一定的規則，您可以設定認為最適合您的任何相機角度和位置。但是，如果您希望始終能看到整個地面，您可以在 Unity Editor 中使用以下設定：

1. 在 Hierarchy 中選擇 Main Camera。

2. 在 Inspector 中，將相機的位置更改為 0, 5, 0。

3. 在 Inspector 中，將旋轉設定為 90, 0, 0。

4. 在 Inspector 中，找到 Camera 組件區段。

5. 將 Field of View 設定為 90。

現在您應該可以看到整個地面還有它上面的任何東西的俯視圖，如圖 6-7 所示。

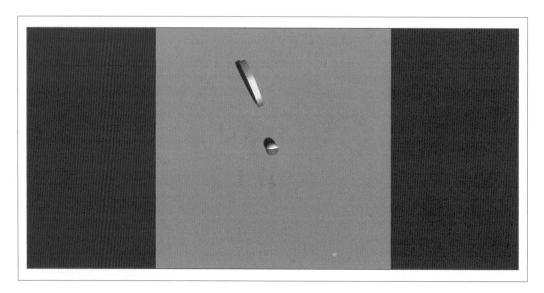

圖 6-7　自上而下的全視相機

同樣的，不要忘記儲存場景。

建立模擬

隨著我們完成了大部分環境的設定和配置，現在可以轉向模擬和訓練方面。

我們將在這裡做很多事情，其中大部分和我們的球有關（它很快就會成為代理人）。

您對我們將在這裡採取的步驟應該開始變熟悉了，但以防您還是感到生疏，在這裡我們將會：

- 將球配置為代理人。
- 編寫啟發式控制程式碼，讓我們能夠驅動球。
- 編寫程式碼以產生觀察值。
- 編寫程式碼以在成功或失敗時重設環境。

因為我們使用的是 IL 而不是 RL，所以在這種情況下我們不會使用獎勵。這意味著您不會看到我們提供任何獎勵，無論是正面的還是負面的。

> 如果我們願意，我們可以包括獎勵，但它不會對這個特定場景產生任何影響，所以我們不會這樣做。在下一章中，當我們研究 GAIL 的 IL 方法時，將進一步研究如何將獎勵和模仿結合起來。

代理人組件

我們的球需要成為一個代理人，但目前它只是一個具有自卑情結的球，所以讓我們解決這個問題。在您的場景中，在 Unity Editor 中，執行以下操作：

1. 在 Hierarchy 中選擇球。
2. 在 Inspector 中，單擊 Add Component 按鈕。
3. 添加 Decision Requestor 組件。
4. 將 Decision Period 更改為 10。

這將添加一堆其他組件。有些是必要的,但有些不是必需的,因此我們將進行一些調整:

1. 在 Inspector 的 Behavior Parameters 組件中,將 Behavior Name 更改為「RollingBall」。

2. 將 Vector Observations Space Size 更改為 8 而不是 1。

3. 將 Continuous Actions 更改為 2。

這意味著已經將我們的代理人設定為具有八個觀察值和兩個控制動作,但是這些都不允許啟發式控制。現在讓我們來添加它。和我們過去所做的相比,這些將會是新的步驟:

1. 在球代理人的 Inspector 中,單擊 Add Component 按鈕。

2. 添加 Demonstration Recorder 組件。

3. 將 Demonstration Name 設定為「RollerDemo」。

4. 將 Demonstration Director 設定為 Assets/Demos。

Demonstration Recorder 是一個組件,它允許 ML-Agents 系統來觀察我們在驅動球時所做的事情,並將結果記錄到我們之前設定的目錄裡的檔案中。該檔案之後將用於訓練。

最後,我們需要設定一個代理人腳本。因為 Decision Requestor 組件需要一個代理人腳本,所以它為我們添加了一個預設版本,但我們想要一個客製化版本:

1. 在 Inspector 中,單擊 Add Component 按鈕。

2. 為球添加一個名為「Roller」的新腳本。

3. 在程式碼編輯器中打開 Roller.cs。

現在我們將會把球配置為代理人。我們將在這裡進行一些基本設定,然後在後面的部分中添加更多內容:

1. 將以下的匯入添加到 Roller.cs 檔案的頂部:

```
using UnityEngine;
using Unity.MLAgents;
using Unity.MLAgents.Sensors;
```

這些為我們提供了將要使用的基本 ML 組件以及對 UnityEngine 程式庫的存取權限,我們將需要它來產生一些亂數。

2. 修改 Roller 的類別定義：

```
public class Roller : Agent
```

3. 把以下實例變數添加到 Roller：

```
public float speed = 10;
public Transform goal;

private Rigidbody body;
private bool victory = false;
```

4. 把 Start 方法替換為以下內容：

```
void Start()
{
    body = GetComponent<Rigidbody>();
}
```

我們在這裡做了幾件事：首先我們將 Roller 設為 Agent 的子類別，這意味著我們可以獲得 Unity 為我們添加的預設代理人。然後我們設定所需的四個不同的屬性。

speed 和 goal 是公開（public）變數，目的是要在 Inspector 中設定，而我們稍後就會這樣做。它們控制了球移動的速度以及它應該瞄準哪個 GameObject 來作為它的目標。

body 變數則追蹤物理性 Rigidbody 組件，以便我們可以根據需要來對其添加和移除力。

victory 變數將用於決定我們是否達到目標。

5. 在 Inspector 中，將目標硬幣從場景中拖曳到 Roller 組件的 goal 槽位中。

6. 在 Inspector 中，刪除 Unity 添加的預設 Agent 組件。

完成所有上述設定後，現在應該會在您的球代理人上擁有類似於圖 6-8 的 ML-Agents 組件。

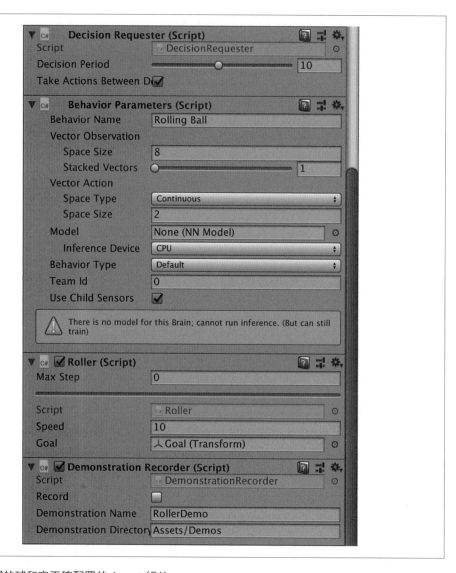

圖 6-8　我們的球和它正確配置的 Agent 組件

　根據您的特定 ML-Agent 版本，它可能沒有自動安裝同樣的組件。如果是
這種情況，您將需要 Decision Requestor、Behavior Parameters、和
Demonstration Recorder 組件。您還需要我們客製化的代理人腳本 Roller。

不要忘記儲存所有內容。

添加啟發式控制

由於我們將驅動球來產生訓練行為，我們需要一些方法來直接移動球，這（就像往常一樣）可以使用啟發式控制來完成：

1. 開啟 *Roller.cs*。

2. 在類別中添加以下方法：

```csharp
public override void Heuristic(in ActionBuffers actionsOut)
{
    var continuousActionsOut = actionsOut.ContinuousActions;

    continuousActionsOut[0] = Input.GetAxis("Horizontal");
    continuousActionsOut[1] = Input.GetAxis("Vertical");
}
```

當代理人需要採取動作時，ML-Agents 會呼叫此方法，只不過現在我們正在攔截它並提供我們自己的動作。

我們使用預設的 Unity 輸入系統來獲得 0 - 1 正規化的水平和垂直值來給我們的球。預設情況下，這些會映射到遊戲中的標準 WASD 或箭頭鍵控制方案，這對我們來說是剛剛好。

現在我們需要能夠為每一情節配置代理人及其目標。

3. 在類別中添加以下方法：

```csharp
public override void OnEpisodeBegin()
{
    victory = false;
    body.angularVelocity = Vector3.zero;
    body.velocity = Vector3.zero;
    this.transform.position = new Vector3(0, 0.25f, 0);

    var position = UnityEngine.Random.insideUnitCircle * 3;
    goal.position = new Vector3(position.x, 0.75f, position.y);
}
```

這完成了一些事情。首先，我們將勝利（victory）旗標（flag）設定回 false，代表它還沒有改變。然後我們移除球上所有的力並將它放回地面的中心。

最後，我們在半徑為 3 的圓（很適合地映射到我們的地面大小）上產生一個隨機位置，並將目標設定為該位置。在我們可以將球驅動之前，唯一剩下的就是添加動作程式碼。

4. 在類別中添加以下方法：

```
public override void OnActionReceived(ActionBuffers actions)
{
    var continuousActions = actions.ContinuousActions;

    Vector3 controlSignal = Vector3.zero;

    controlSignal.x = continuousActions[0];
    controlSignal.z = continuousActions[1];

    body.AddForce(controlSignal * speed);

    if (victory)
    {
        EndEpisode();
    }
    else if (this.transform.localPosition.y < 0)
    {
        EndEpisode();
    }
}
```

在這裡，我們獲得了動作值的水平和垂直分量，並使用它們向我們的球的物理性物體添加了一個小力。這實質上是使用 Unity 的物理系統來將它推向動作值的方向。

您可以在 Unity 說明文件（*https://oreil.ly/mbUOy*）中了解有關 AddForce() 的更多資訊。

然後快速檢查一下我們是否贏了（我們還不能贏）或者我們是否已經跌落邊緣。如果是這樣，我們將結束這一情節並將一切重設為之前的樣子。

完成後，我們將儲存作品並返回 Unity Editor，以便我們可以測試我們的程式碼。

5. 在 Inspector 的 Behavior Parameters 腳本中，將 Behavior Type 設定更改為 Heuristic。

6. 播放場景。

您現在可以使用鍵盤來驅動球了。如果您從世界的邊緣掉下去，環境應該會被重設。Huzzah！

 您可能會注意到 Unity 正警告您觀察值的數量與設定的值並不相符，我們將在接下來修復它。發生這種情況是因為我們還沒有提供我們打算要提供的所有觀察值，而當我們在 Unity Editor 的代理人的 Behavior Parameters 組件中配置 Vector Observations Space Size 時，我們告訴 Unity 將會有 8 個觀察值。

和往常一樣，記得儲存場景。

觀察值和目標

雖然我們可以把我們的球驅動地很好，但它還是不了解它的世界，所以它沒有學習的能力。

為了讓球代理人了解這個世界，它需要觀察值。和迄今為止我們建構的每個模擬代理人一樣，觀察值是代理人對其所在世界的了解。

在我們這樣做的同時，我們還應該處理當我們擊中硬幣時會發生什麼以及我們如何擊中硬幣：

1. 開啟 *Roller.cs*。

2. 添加以下方法：

```
public override void CollectObservations(VectorSensor sensor)
{
    sensor.AddObservation(goal.position);
    sensor.AddObservation(this.transform.position);

    sensor.AddObservation(body.velocity.x);
    sensor.AddObservation(body.velocity.z);
}
```

當 ML-Agents 需要為代理人收集觀察值時，會呼叫此方法。對於目前的情境來說，我們的觀察值相當簡單：我們正在傳送目標和我們自己的位置（x 和 z 位置）。我們還傳送了球的水平和垂直速度。

觀察值到此結束，現在是添加碰撞的時候了。

3. 在 *Roller.cs* 中添加以下方法：

```
void OnTriggerEnter(Collider other)
{
    if (other.CompareTag("Goal"))
    {
        victory = true;
    }
}
```

OnTriggerEnter 是一個內建的 Unity 函數，當一個物件進入觸發器體積空間（例如我們的硬幣）時，它就會被呼叫。

在這裡，只是檢查我們碰撞的東西是否被標記為「goal」，正如我們的硬幣就是，如果是的話，就告訴它去設定一個我們已經達成目標的旗標。

儲存您的腳本。現在，如果跳回 Unity 並播放場景，我們可以將球四處轉轉、撿起硬幣、並重設情節。

我們準備開始產生一些訓練資料並進行一些學習。

 雖然我們使用 Unity 物理系統讓我們知道何時發生了碰撞，但這可能會在更複雜的情境中導致一些奇怪的結果。讓代理人關聯動作、觀察值、和獎勵的事件的時間安排意味著您不能總是依賴 OnTriggerEnter 來在您需要它進行訓練時觸發。在這種情況下，我們的範例很簡單，這讓我們可以更深入地研究 Unity 物理系統，因此我們認為這是值得的。然而，在大多數情況下，建議進行距離檢查。

產生資料和訓練

正確設定場景後，我們可以產生一些訓練資料。是時候來向機器人展示如何將球驅動到硬幣了。

建立訓練資料

有用的是，Unity 讓記錄我們的行為變得輕而易舉：我們需要做的就是設定一個旗標。最難的部分將是把驅動球這件事做好。

重要的是您在遊戲中盡力而為。代理人會直接向您學習，所以如果您表現不好，代理人也會很糟糕。*ML* 蘋果不會離您這棵樹太遠。（譯注：此處為牛頓與蘋果的隱喻。）

1. 在 Hierarchy 中選擇球。

2. 在 Inspector 中，找到 Demonstration Recorder 組件。

3. 將 Record 切換設定為開啟。我們準備好記錄了。

4. 播放場景。

5. 利用鍵盤來驅動球，並確保您拿起硬幣幾次。

6. 當您感到滿意時停止場景。我們建議嘗試撿起硬幣大約 20 次。

您應該會看到，一旦完成後，*Assets* 目錄中有一個名為 *Demos* 的新資料夾。在該資料夾中，應該看到一個名為 *RollerDemo* 的檔案。如果您在 Unity Editor 的 Inspector 中選擇它，它會告訴您相關的資訊，例如記錄了什麼樣的動作和觀察值，如圖 6-9 所示。

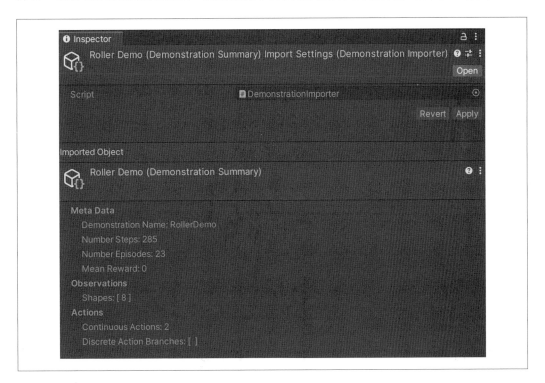

圖 6-9　檢查我們的示範記錄

如果您進行多次的訓練執行，您將看到多個示範檔案都以遞增的數值進行命名，例如 *RollerDemo_0*、*RollerDemo_1* 等。這些將是我們的訓練資料。

配置訓練

編寫好訓練資料後，我們現在需要製作 YAML 配置檔案。每個人都喜歡 YAML。

該檔案的大部分內容將基於第 2 章的內容，因此我們不會在此過多介紹。不過，我們將討論特定於 IL 的部分：

1. 在專案根目錄下建立一個配置資料夾。

2. 在該資料夾中，建立一個新的文本檔案。

3. 將其命名為 *RollerBallIL.yaml*。

4. 將以下 YAML 添加到該檔案：

```
behaviors:
  RollerBall:
    trainer_type: ppo
    hyperparameters:
      batch_size: 10
      buffer_size: 100
      learning_rate: 3.0e-4
      beta: 5.0e-4
      epsilon: 0.2
      lambd: 0.99
      num_epoch: 3
      learning_rate_schedule: linear
    network_settings:
      normalize: false
      hidden_units: 128
      num_layers: 2
    reward_signals:
      extrinsic:
        gamma: 0.99
        strength: 1.0
    max_steps: 500000
    time_horizon: 64
    summary_freq: 10000

    # 行為複製
    behavioral_cloning:
```

```
demo_path: ./Assets/Demos/RollerDemo.demo
strength: 0.5
steps: 150000
batch_size: 512
num_epoch: 3
```

其中大部分和我們之前所製作的 YAML 檔案相同，主要區別在於 behavioral_clonin 部分。這些是我們正在使用的 IL 技術行為複製（或 BC）的特定參數。

目前，由於我們模擬很簡單，所以它們還相當泛用。然而，特別感興趣的是 strength 設定，它控制著 BC 相對於正常 PPO 訓練的學習率。從本質上來講，strength 是指 BC 對訓練的影響和控制程度。將其設定得太高意味著它可能會過度擬合（overfit）您的資料，但如果您將其設定得太低，它就會學不夠。

和所有配置參數一樣，查看其影響的最佳方法是更改它們並查看這對訓練的影響。

另一個有趣的屬性是 demo_path。這會指向我們之前製作的示範記錄。如果您更改了示範的名稱，或者想要使用與第一次執行不同的示範，請確保要更改 demo_path 變數以進行匹配。您可能需要給它一個絕對路徑，具體取決於您的系統（例如，*/Volumes/Work/Sims/IL/RollerDemo.demo*）。

在 YAML 檔案中很容易誤把這些參數鍵錯。直接從我們在 GitHub（*https://oreil.ly/u43u2*）的程式碼中複製它們可能會更容易。

開始訓練

終於，幾乎是時候來做機器學習中的機器部分了。只是幾乎。首先，我們必須在 Unity Editor 中進行一些設定：

1. 在 Hierarchy 中選擇球。

2. 在 Inspector 中，找到 Behavior Parameter 組件。

3. 將 Behavior Type 設定為 Default。

4. 在 Inspector 中，找到 Demonstration Recorder 組件。

5. 關閉 Record 設定。現在我們的代理人已準備好由 Python 來控制了。

6. 開啟 Terminal。

7. 導航到 Unity 專案根目錄。

8. 執行以下命令：

```
mlagents-learn config/rollerball_config.yaml --run-id=RollerBall
```

片刻之後，您應該會看到類似於圖 6-10 的內容，這意味著我們可以在 Unity 中啟動東西了。

圖 6-10　Python ML-Agents 已準備好進行訓練了

9. 回到 Unity。

10. 播放場景。

您應該會看到球自行開動，試圖了解您的駕駛方式。

11. 去喝杯非常大杯的咖啡，或者讀一本書。沒關係，我們會等您。

一旦這個過程結束，我們的訓練就完成了，我們可以對它進行測試。

 如果您想要一個預訓練的機器學習模型，請查看我們在 GitHub（*https://oreil.ly/nwupp*）上製作的模型。

用我們經過訓練的模型來執行

是時候把我們經過 IL 訓練的模型拿出來試一試了。

首先，像往常一樣，我們需要找到 ML-Agents 為我們建立的神經網路：預設情況下，它將位於專案根目錄的 results 資料夾中。裡面會有另一個名為 *Roller Ball* 的資料夾，而裡面會有一個名為 *Rolling Ball.onnx* 的檔案，這是我們訓練好的神經網路。

請按照以下步驟來使用經過訓練的模型以執行球代理人：

1. 將 *.onnx* 檔案拖曳到 Unity 的 Assets 窗格中。

2. 在 Hierarchy 中選擇球。

3. 在 Inspector 中，找到 Behavior Parameters 組件。

4. 將 *.onnx* 檔案添加到 Model 槽位中。

5. 將 Behavior Type 設定為 Inference Only。

6. 在 Unity 中播放場景。

現在您應該會看到球在四處滾動並收集硬幣，如果您像我們一樣驅動球的話，它經常會從邊緣掉下去。希望您是一個比我們更好的球老師。

恭喜，您使用模仿學習訓練了代理人！

理解和使用模仿學習

模仿學習對於讓代理人表現得像人（在某種程度上）很有用；然而，在實務上，它更有可能被用作多階段、多技術訓練過程的一部分以幫助代理人，尤其是在**早期訓練**中。

> 有關可能會使用的多種技術的更多資訊，請參閱第 9 頁的「技術」。

當您考慮進行模擬時，您正在嘗試製作一些將成為有效率模擬的東西：也就是您希望早期訓練盡可能成功。

在強化學習中，代理人完全不知道它在做什麼，即使知道也是一點點，直到它獲得第一個獎勵。IL 讓您可以縮短流程並使用人工來示範怎麼開始「良好行為」，然後不是繼續使用 IL，就是切換到 RL 繼續訓練，來儘快解決困難的早期訓練。

在早期訓練之後，您可以繼續使用 IL 來產生具有更「有機」、「像人類」行為的代理人（無論這在您的模擬環境中意味著什麼），或者換用另一種技術，例如前面提到的 RL，以快速產生新的經驗並改進示範過的人類行為。

例如，我們在第 5 章中建立的只使用 RL 訓練的汽車，可以改為使用 IL 來進行初始訓練階段，在該階段中，人類在軌道上駕駛的示範被用來告知其駕駛行為，然後是第二個訓練階段（和我們在第 5 章中實際使用的基本相同）在此基礎上使用 RL。這種方法可能會在整體上產生更快的訓練時間，並讓汽車在駕駛過程中的方法更加地人性化。

第 7 章

進階模仿學習

在本章中，我們將研究使用生成對抗模仿學習（GAIL）的模仿學習（IL）。我們可以用和我們使用 IL 來進行行為複製（BC）時幾乎相同的方式來使用 GAIL，但除了更改配置 YAML 檔案之外，這並不會真正向您展示任何新內容。

到目前為止，透過我們的模擬已經完成了基礎知識，並以此為基礎，建立了一輛簡單的自動駕駛汽車，所有這些都使用了強化學習。在上一章中，我們使用 IL 以使用人類行為來訓練代理人。我們用在行為複製的 IL 會試圖最大化它和我們提供的訓練資料之間的相似性。

IL 不是我們可以使用的唯一 BC 技術。這一次，我們將使用 GAIL。GAIL 可以幫忙改進我們的代理人的訓練，使其能夠從根本上跳過學習過程中的早期障礙，並從那時起專注於自我改善。

 BC 和 GAIL 也可以結合在一起使用，這樣您就可以期待能夠淬取兩者的好處並減輕兩者的弱點。在本章的最後，我們將介紹如何將 GAIL 和 BC 結合起來，但現在的重點將放在 GAIL 上。

認識 GAIL

在我們開始使用 Unity 和 ML-Agents 來進行基於 GAIL 的活動之前，我們將解開一些讓 GAIL 得以運作的內容。

顧名思義，GAIL 是一種模仿學習的對抗方法，它基於一種稱為 *GAN* 的機器學習網路：一種生成對抗網路（generative adversarial network）。GAN 有效地扮演兩個已訓練模型，分別稱為鑑別器（*discriminator*）和生成器（*generator*），它們彼此相互對抗。鑑別器模型判斷生成器在複製一些受期望的訓練資料或行為的效果如何，生成器則使用來自鑑別器的回饋來指導並希望能改進其行為。

然後再將這些動作和行為回饋給鑑別器，以便它了解更多關於情境的資訊。鑑別器會根據生成器採取的行動和提供的示範來學習情境的規則和獎勵。

> GAIL 是一種比 BC 更新的模仿學習方法，但這並不一定意味著它會更好；它只是不同的方法而已。機器學習這個領域正不斷變化著。

隨之而來的問題自然是，**什麼時候應該使用 *GAIL*，什麼時候應該使用 *BC* 呢？**和機器學習中的大多數事情一樣，答案並不簡單。一般來說，選擇使用哪個更取決於您打算使用的情境。可以再讓事情複雜一點，您還可以將它們組合起來以獲得（通常）比單獨使用它們時更好的結果。

> 圍繞 GAIL 的學術研究經常談論逆強化學習（inverse reinforcement learning）和無模型學習（model-free learning），以及其他聽起來很花俏的術語。
>
> 這些基本上意味著 GAIL 對世界沒有內在的理解；它必須弄清楚情境的規則和最大化情境獎勵的行動是什麼。
>
> 因此，當它被扔到最深處並且必須在最少的幫助下解決問題時，它會做得很好。

如果您有大量人工產生的訓練資料，其中涵蓋了環境中可能發生的各種變化，那麼使用 IL 的 BC 通常會比 GAIL 做得更好。

如果您只有一點點人工產生的資料，GAIL 將能夠從中更好地推斷出最佳方法。當與人類定義的外在獎勵（使用 ML-Agents 中的 `AddReward` 函數）相結合時，GAIL 也往往比 BC 運作得更好。

當您使用強化學習時，要為您的模擬制定正確的獎勵結構通常非常棘手。使用 GAIL 有助於解決這個問題，因為它在不知道您的情境到底是什麼的情況下運作，並且在某種程

度上必須弄清楚您想要什麼。它依靠示範資料中包含的資訊來做到這一點。在難以設計出良好獎勵結構的複雜場景中，即使您無法從本質上解釋為什麼您所做的事情是好的，您也可以使用 GAIL 來根據您所做的事情來制定情境。

GAIL 比帶有 IL 的 BC 更靈活，但這不是我們在這裡要使用它的原因；我們之所以使用它，是因為 GAIL 和外在獎勵相結合時效果更好。當您確切地示範了要做什麼時，帶有 IL 的 BC 會更好，而當您僅提供部分資訊作為示範時，GAIL 會更好。

 本質上，在 GAIL 內部有兩隻狼：第一隻狼正在努力地更了解它所處的世界，第二隻狼正在執行它希望能夠取悅第一隻狼的行動。

做我說的和做的

在訓練 ML-Agents 代理人時，總是會想到一句古老的諺語「做我說的，而不是我做的（Do what I say, not what I do）」。

我們基本上只是設定了一些獎勵並告訴代理人從那裡開始搞清楚。如果我們在孩子成長的過程中這樣做，這將被認為是一種非常糟糕的知識傳授方式，因此我們傾向於向他們展示幾次該做什麼，然後向他們展示規則並讓他們從那裡進行改善。

幾乎任何時候，作為一個人，在您接受訓練的時候，通常都會向您展示幾次正確的做法，然後您才會被要求要自己做。

這就是我們將在這裡嘗試重現的內容；我們想使用 GAIL 來啟動我們的代理人的訓練。我們想多次展示正確的方法，然後讓它從那時起找出最好的方法。

一個 GAIL 情境

對於這個情境，我們將使用類似於之前所做的活動的問題和環境，當時我們在第 6 章中使用 IL 為 BC 訓練了一個代理人。我們的活動涉及以下環境：

- 目標區域。
- 一個球，作為代理人，需要移動到目標。

如圖 7-1 所示。

圖 7-1　我們的 IL 環境，在 GAIL 修改之前

如果球掉出世界，它會以失敗告終；如果球到達目標，則成功結束這一情節。

對於我們與 GAIL 的活動，我們將使用相同的環境並添加一點點東西：

- 在解鎖目標之前，代理人需要拿到一把「鑰匙」。
- 在沒有先觸碰鑰匙的情況下觸碰球是沒有用的。

此時，您可以複製您為第 6 章製作的 Unity 專案，或者直接修改它。我們選擇在專案中複製場景，因此打開 Unity Editor 並執行以下操作：

1. 在 Project 窗格中選擇場景，如圖 7-2 所示。

圖 7-2　在 Project 窗格中選擇場景

2.　選擇 Edit 選單→ Duplicate，如圖 7-3 所示。

圖 7-3　選擇 Duplicate

3. 將複製的場景重新命名為「GAIL」或類似名稱。

請確保新場景已開啟並準備就緒。然後是添加鑰匙的時候了：

1. 在專案階層中添加一個新的立方體。

2. 將此立方體重新命名為「key」。

立方體將部分嵌入地面，但現在沒關係。下一步是修改代理人和代理人的腳本。

 如果您還沒有完成第 6 章，我們強烈建議您在嘗試之前先完成它。

修改代理人的動作

我們目前存在的代理人只會使用我們之前為它所記錄的示範中的訓練資料 ── 它沒有其他設定的獎勵結構。

沒有獎勵對於擁有 IL 的 BC 來說是件好事，但對於使用了 GAIL 的這項活動來說，這並不是我們所追求的。我們希望代理人使用訓練資料來幫忙開始學習，然後將獎勵的值作為代理人優化的組件。

 因為我們正在與基於 BC 的 IL 做同一個專案，我們將直接修改 roller agent 類別（這將影響在上一章中所製作的場景的功能），但如果您想要保持原樣，您可以複製該檔案或建立一個新的 C# 檔案作為您的新代理人。

只需記住將它連接到場景中的代理人並移除舊代理人即可。

1. 開啟 *Roller.cs*。

2. 在類別中添加以下成員變數：

```
public Transform key;
private bool hasKey = false;
```

這兩個變數中的第一個，key，將用來當作我們對場景中 key 物件的參照，第二個變數將用來知道我們是否拿起了 key。

現在我們可以在 key 本身上使用一些特定於 GameObject 的資訊來了解它是否被碰到並執行此操作，而不是使用另一個變數，但這並不是一個我們應該去費心的巨大節省。

3. 將 OnActionReceived 方法替換為以下程式碼：

```
var continuousActions = actions.ContinuousActions;
Vector3 control = Vector3.zero;
control.x = continuousActions[0];
control.z = continuousActions[1];

body.AddForce(control * speed);

if (transform.position.y < 0.4f)
{
  AddReward(-1f);
  EndEpisode();
}

var keyDistance = Vector3.Distance(transform.position, key.position);
if (keyDistance < 1.2f)
{
  hasKey = true;
  key.gameObject.SetActive(false);
}
if (hasKey)
{
  if (Vector3.Distance(transform.position, goal.position) < 1.2f)
  {
    AddReward(1f);
    EndEpisode();
  }
}
```

第一部分的工作方式與我們之前的程式碼類似：它根據移動動作值來施加力。如果代理人滾出平面的邊緣，我們仍會重設環境，不過現在我們會懲罰它。

接下來，要決定我們是否碰觸了鑰匙。如果我們碰觸到它，將停用該鑰匙（讓它不再出現在場景中）並將該鑰匙標記為已找到。

最後，我們用目標取代鑰匙來進行類似的事情，這時如果我們有鑰匙的話，會給予獎勵並結束這一情節。

我們在這裡使用距離值 1.2 個單位來計算我們是否夠近。之所以選擇這個數字，是因為它比單位球體的中心到單位立方體的中心的組合距離稍微大一點點。我們會這樣做是因為它是用來炫耀的漂亮又簡單的程式碼。然而，它並不完美：我們大略做的是在代理人的周圍繪製一個半徑為 0.6 的球體，看看裡面是否有任何東西。

Unity 有一個內建方法可以做到這一點：Physics.OverlapSphere，它可以讓您定義一個中心點和半徑，並查看該假想球體內有哪些 collider。我們沒有使用這種方法，因為它看起來有點笨拙，並且要正確地決定您碰到什麼的話，您應該要使用標籤，而那是我們需要去設定的。因此，我們決定保持簡單並進行距離檢查，但是內建方法在讓您定義碰撞層遮罩（collision layer mask）方面確實具有很大的靈活性，如果我們面臨的是一個更複雜的範例的話，這就是我們會做的事。

如果您好奇的話，這裡是 OverlapSphere 呼叫的基礎知識。要弄清楚您碰到了什麼或過濾出相關的碰撞，就如大家所說，留給讀者當作練習：

```
var colliders = Physics.OverlapSphere(transform.position,
  0.5f);
foreach(var collider in colliders)
{
  Debug.Log($"Hit {collider.gameObject.name}");
}
```

這些是我們對動作所做的修改；現在開始對觀察值進行。不要忘記儲存您的程式碼。

修改觀察值

您現在對使用觀察值可能已經很熟悉了，我們將透過 CollectObservations() 函數來將觀察值傳遞給 ML-Agents 來完成這一切。對來自 IL 驅動版本的觀察值的核心更改是添加了有關鑰匙的資訊以及鑰匙的狀態。

開啟程式碼後，將 CollectObservations 方法替換為以下程式碼：

```
sensor.AddObservation(body.velocity.x);
sensor.AddObservation(body.velocity.z);

Vector3 goalHeading = goal.position - transform.position;
var goalDirection = goalHeading / goalHeading.magnitude;
sensor.AddObservation(goalDirection.x);
sensor.AddObservation(goalDirection.z);
```

```
sensor.AddObservation(hasKey);
if (hasKey)
{
  sensor.AddObservation(0);
  sensor.AddObservation(0);
}
else
{
  Vector3 keyHeading = key.position - this.transform.position;
  var keyDirection = keyHeading / keyHeading.magnitude;
  sensor.AddObservation(keyDirection.x);
  sensor.AddObservation(keyDirection.z);
}
```

這在概念上和我們之前的東西並沒有太大的不同。我們只是在追蹤更多的東西。

我們仍然知道我們的速度和目標的方向，但正在添加一個新的觀察值來告訴我們是否持有鑰匙，以及到達鑰匙的方向。如果鑰匙被撿起來了，那就不用費心去計算它的方向了；我們只會發送零，這大概是我們能做到不要發送觀察值的最接近之處。

這樣做的原因是因為我們每次都必須發送相同數量的觀察值。

與之前的 IL 驅動版本相比，這些程式碼會更改發送給代理人的觀察值數量。我們很快就會解決這個問題。

重設代理人

對於我們的最後一段程式碼，我們需要更新 OnEpisodeBegin() 函數以適當地重設所有內容。具體來說，現在需要重設鑰匙的內在與外在狀態。

將 OnEpisodeBegin 方法的本體替換為以下程式碼：

```
body.angularVelocity = Vector3.zero;
body.velocity = Vector3.zero;
transform.position = new Vector3(0, 0.5f, 0);
transform.rotation = Quaternion.identity;

hasKey = false;
key.gameObject.SetActive(true);

var keyPos = UnityEngine.Random.insideUnitCircle * 3.5f;
key.position = new Vector3(keyPos.x, 0.5f, keyPos.y);
var goalPos = UnityEngine.Random.insideUnitCircle * 3.5f;
goal.position = new Vector3(goalPos.x, 0.5f, goalPos.y);
```

與觀察值一樣，這和之前沒有太大不同：我們仍在將代理人重設回中心並移除其上的所有力，並且仍在選擇一個隨機點並將目標移至該點。但是，也將我們標記為沒有鑰匙、確保鑰匙遊戲物件在場景中處於活動狀態、最後將其移動到隨機位置。

做了這個改變，我們的程式碼就完成了。我們不必去碰啟發式程式碼，因為那裡沒有任何改變。在返回 Unity Editor 之前不要忘記儲存。

更新代理人屬性

我們的代理人程式碼發生了相當大的變化，因此在 Inspector 中設定的許多組件值對於該代理人不再正確；讓我們解決這個問題。在 Unity Editor 中，開啟場景：

1. 在 Hierarchy 中選擇代理人。

2. 在 Inspector 中，找到 Agent 組件。

3. 將鑰匙遊戲物件從 Hierarchy 拖曳到 Inspector 的 Key 欄位中。

4. 在 Inspector 中，找到 Behavior Parameters 組件。

5. 將觀察值的空間大小（space size）設定為 7。

做好之後，我們的代理人現在已經被正確地編碼和配置了。接下來讓我們給它一些訓練資料。

示範時間

這個稍作修改的世界與我們之前使用的世界不再一樣，因此我們應該為代理人建立一些新的示範資料：

1. 在 Hierarchy 中選擇代理人。

2. 在 Inspector 中，找到 Behavior 組件。

3. 將 Type 從 Default 更改為 Heuristic。

4. 在 Heuristic Recorder 組件中，將它設定為 Record。

5. 播放情境。

6. 盡量記錄一些示範資料。

您可能想知道我們為什麼還要費心記錄新的示範資料，因為我們在使用 BC 時已經這樣做過了。這樣做是因為該資料中沒有獎勵這一部分，這意味著 GAIL 將永遠無法將動作和獎勵關聯起來。如果仍然使用舊資料，我們將在沒有任何外部獎勵的情況下訓練 GAIL。這還是會起作用，但這不是本章的重點，而且很可能不會給您想要的結果。

一旦您覺得您已經記錄了足夠的資料，就停止這個場景。您現在應該有一些資料可以用來輸入到 GAIL。

如果您選擇了已建立的示範檔案，在 Unity Inspector 中可以看到所獲得的平均獎勵。它還顯示了一些其他資訊，但平均獎勵是我們在這裡關心的主要內容。如果其太低的話，它可能不是一個特別好的示範檔案。

接下來，訓練吧。

用 GAIL 來訓練

如果您猜到了「我是否只要在 YAML 檔案中設定一些奇怪的設定來啟用 GAIL？」您是對的，所以又是時候進行另一輪激動人心的讓我們在 *YAML* 中編輯一些幻數了！（*Let's Edit Some Magic Numbers in YAML!*）在 GAIL 的情況下，我們想要使用的相關東西全都是獎勵設定的一部分。

對於這種情況，我們將使用之前使用 BC 時使用的相同訓練配置檔案，但我們將進行一些更改。首先，建立一個新的配置檔案：

1. 複製 *rollerball_config.yaml* 並將其命名為 *rollerball_gail_config.yaml*。

   接下來，您需要刪除配置中和 BC 相關的部分。

2. 刪除 `behavior_cloning` 行和下面的所有行並從那開始縮格。

   最後，我們要添加 GAIL。

3. 在 `reward_signals` 區段下，為 GAIL 添加一個新區段：

   ```
   gail:
     strength: 0.01
     demo_path: ./Assets/Demos/RollerDemoGail.demo
   ```

我們可以調整幾個不同的 GAIL 參數；在這裡只設定兩個，並且只有一個是必要的。

必要的是 demo_path，它指向我們剛才建立的示範檔案。我們還設定了 strength，其預設值為 1，我們將其設定為遠低於該值，因為 GAIL 使用 strength 來縮放獎勵信號。

將其設定得如此之低是因為我們的示範資料不是最理想的，並且正在計畫將外部獎勵信號作為採取何種動作的主要指標。如果我們給它一個更強的信號，它會更像我們的示範檔案，而不是場景的最佳玩法。

我們可以在此處為 GAIL 配置其他設定（但保留它們的預設設定）包括鑑別器的大小、學習率、和 gamma 等。

我們在這裡不需要它們，因此將它們保留為預設設定，但如果您對它們感興趣的話，官方說明文件（*https://oreil.ly/6w9DO*）對它們都有描述，如果 GAIL 沒有按照您想要的方式工作的話。

> 由於 GAIL 的設計方式，它有在代理人中引入各種偏差（bias）（*https://oreil.ly/gNIgb*）的習慣；也就是說，它經常試圖延長情節的長度，即使這與情境的目標直接衝突。
>
> 因此，如果在訓練期間您發現您的代理人基本上在閒逛並且沒有完成手頭上的任務，您很可能需要降低 GAIL 獎勵信號以防止它壓倒外在獎勵。

完成後的 YAML 檔案應如下所示：

```
behaviors:
  rolleragent_gail:
    trainer_type: ppo
    hyperparameters:
      batch_size: 10
      buffer_size: 100
      learning_rate: 3.0e-4
      beta: 5.0e-4
      epsilon: 0.2
      lambd: 0.99
      num_epoch: 3
      learning_rate_schedule: linear
    network_settings:
      normalize: false
      hidden_units: 128
      num_layers: 2
    reward_signals:
```

```
    extrinsic:
      gamma: 0.99
      strength: 1.0
    gail:
      strength: 0.01
      demo_path: ./Assets/Demos/RollerDemoGail.demo
      use_actions: true
  max_steps: 500000
  time_horizon: 64
  summary_freq: 10000
```

配置好我們的配置檔案後，是時候開始實際訓練了：

1. 在 Unity 中選擇代理人。

2. 在 Inspector 的 Behavior Parameters 組件中，將 Behavior Type 更改為 Default。

3. 在 Inspector 的 Demonstration Recorder 中，取消選取 Record 框。

4. 在命令行中，執行以下命令：

```
mlagents-learn config/rolleragent_gail_config.yaml
  --run-id=rolleragent_gail
```

5. 開始後，返回 Unity 並按 Play。

代理人現在應該正在訓練。快速地（或不那麼快地）喝咖啡休息一下，一旦結束後，我們就會回來。

執行它以及更多

一旦我們的訓練完成，就可以像之前那樣執行它：

1. 將訓練好的 *.onnx* 模型檔案添加到 Unity 中。

2. 在 Unity 中選擇代理人。

3. 在 Inspector 的 Behavior Parameters 組件中，將 Behavior Type 更改為 Inference Only。

4. 將模型檔案拖到模型槽位中。

5. 單擊「Play」，然後坐下來並享受看您的代理人在那裡滾來滾去、撿起方塊的樂趣。

對於我們的代理人，在經過 500,000 次迭代訓練後，它的平均獎勵分數為 0.99，這幾乎是我們能夠期待的完美。

和我們的示範檔案相比，它的平均獎勵為 0.95，因此代理人已將我們淘汰出局，這正是我們的預期：學生已成為大師。

現在我們已經介紹了將 GAIL 與外部獎勵因素結合的基礎知識，但在我們繼續討論其他主題和章節之前，現在是討論結合 GAIL 的好時機。在這個例子中，我們將 GAIL 與外在獎勵結合起來，但也可以將它和模仿學習還有行為複製結合起來。為此，我們所要做的就是將 BC 配置元素添加回 YAML 配置檔案中。

然而，訣竅在於平衡外在、GAIL、還有 BC 獎勵的相對強度值。

對於這個情境，我們為它們三個嘗試了不同的值、調整了其他配置設定、甚至嘗試將 BC 限制在訓練的第一部分，但我們沒有看到訓練有任何顯著改善。在其中一個案例中，當嘗試要把各種元素最好的融合時，我們最終得到了一個非常糟糕的代理人，其平均獎勵為 -0.4，這意味著大部分時間它只會從地面的邊緣掉下去；我們只用 GAIL 或只用 BC 的版本都運作得很好。

很可能在這個情境下，這樣的調整很簡單，因此無法提供足夠的價值，或者我們只是沒有找到合適的值來讓它全部契合。

Unity 在其 Pyramid 範例（*https://oreil.ly/dP67X*）中發現，當使用不同技術的組合來進行訓練時，代理人的訓練速度比任何其他單獨完成的方法都更快、更好。

組合不同的方法肯定是有意義的；畢竟，這與我們的學習方式沒有什麼不同。我們嘗試結合許多不同的技術，以便在我們成長的過程中獲得最好的結果，那麼為什麼代理人應該有所不同呢？模仿學習有很大的潛力，而且因為它相對容易添加到您的訓練中，所以值得一試。

第 8 章

課程學習介紹

回想一下你在學校的最初幾天。那是多麼奇怪的時代啊…老師站在全班最前面,給您們一個二次方程式,並要求您們解開它。

「x 的值是多少?」您發現自己被問到了。

困惑,您不知道發生了什麼事;畢竟,這是您的第一天。

您還是猜了一下:「三。」老師盯著您看,然後宣布您錯的離譜。您被送回家了。

第二天又重複了一次。老師給您另一個二次方程式;您再次失敗並被送回家。這種情況日復一日地發生:您出現並得到一個方程式、您進行猜測、得到離譜錯誤、然後被送回家。

有一天您猜測了答案,老師說:「錯了,但很接近。」

終於,取得了一些進展。

您還是被送回家。

隔天,重複進行此事,隔天、又隔天、一次又一次。每次您猜得越來越接近。每次您都被送回家,而每次在隔天您又會出現並再次猜測。

最後您開始把它拼湊起來,您開始理解構成方程式的各個部分、它們相互作用的方式、它們影響 x 值的方式。當又被問到時,這一次情況有所不同。您回答說:「x 是 -1 加減根號 2」,您對自己的答案很有信心。您的老師慢慢點頭。「正確。」

您已經在學校學習了 600 年，但您終於知道如何解二次方程式了。您被送回家了。

當然，這聽起來像是一種糟糕的學習方式和一種異常殘酷的教學方式，但這就是我們要求 ML 工作的方式。

真實的人是分階段被教授的。

我們從更複雜問題所需要的基礎知識開始，一旦掌握了它們，我們就會轉向更難的問題和更複雜的資訊。我們像金字塔一樣建立在我們先前的知識之上，一層一層地添加，直到能夠解決我們關心的實際問題。

我們以這種方式教人，因為它已被證明是有效的；事實證明，只是讓孩子們去解二次方程式並不是很有效，但是教他們數字的基礎知識、然後是算術、然後是代數和公式，意味著您有一天可以要求他們解開二次方程式，而他們也能做到。對於所有知識領域，所有的文化都以各種形式來這樣做。

ML 中的課程學習（curriculum learning, CL）提出了一個問題：「如果它對人有效，那麼它對 ML 也有效嗎？」在本章中，我們將看看如何使用課程學習來分階段建構問題來解決問題。

機器學習中的課程學習

在您的 ML 模型中使用課程學習的主要原因和我們人類使用它的原因相同：通常掌握某事的基礎知識比較容易，然後再進行任務更進階的部分。

> 當課程學習成功時，它是非常成功的。例如，在 Unity 中，當教導代理人到達目標時（比如學習如何跳過柵欄），課程學習模型比更傳統的模型學習得更快更好。和模擬相關領域的其他工作（*https://oreil.ly/XwMcW*）已經顯示出類似的有希望的結果（*https://oreil.ly/04bAa*）。然而，這並不是說答案總是「就用課程學習吧」。

和 ML 中的許多事情一樣，知道該何時使用課程學習這件事的答案並不明確。如果您要解決的問題具有明確定義的難度元素，或者任務本身具有明顯的階段，那麼它可能是 CL 的絕佳候選者。遺憾的是，在您嘗試並查看效果之前，您無法真正判斷 CL 是否合適。

舉個例子，假設您想訓練一個代理人去追逐一個會四處亂跑的目標；或許您正在模擬狗追逐松鼠的情境。

我們這些作者來自澳洲，在澳洲並沒有松鼠，所以我們是以完全沒有惡意的原因來假設狗會追逐它們。而且，我們假設這些松鼠不會爬樹；畢竟，我們從來沒看過有松鼠這樣做！

我們可以讓狗開始對抗一隻在空間中移動的松鼠，並讓代理人自己去搞清楚，或者我們也可以使用課程學習。

要開始我們的課程學習狗代理人，我們將首先讓我們的狗走向一隻剛好超過兩米寬的松鼠，讓它更容易被碰到。

再說一次，我們這裡沒有松鼠，所以我們很確定它們能長到這麼大。

此外，松鼠不會動，讓我們的狗更容易進行。然後松鼠可能會開始收縮，迫使狗更精確地移動以到達它。

一旦狗掌握了到達一隻靜止且具有松鼠大小的松鼠的竅門，我們就可以開始移動目標了。我們甚至可以讓松鼠慢慢地從非常慢的速度上升到松鼠的速度，最終達到超級松鼠的速度。

所以，我們這裡的課程首先要教導我們的代理人移動、然後跟隨、然後跟隨越來越快的目標，基本上就是教它如何追逐。[1]

通常，課程學習被顯示在非常複雜的場景中，這讓人感覺它有點像是一顆神奇的子彈。它被用來解決的一些問題，令人感覺如果不是用課程學習的魔杖在它上方揮舞的話，它們幾乎是不可能達成的，但要記住的是，它的核心是一種改善訓練的方法，而不是完成不可能的任務。一般來說，任何可以透過課程學習來解決的問題都可以在不使用它的情況下解決，但通常只是需要更長的時間。

事實證明，只要在一個問題上投入更多的計算能力就可以解決它，儘管它有點沒那麼優雅。在我們看來，課程學習是最好的，當它被用來加速或改善代理人的訓練時，它很可能是訓練模型的未來。

1　編者按：這是一個笑話，澳洲人告訴我們這很搞笑。

課程學習情境

讓我們使用課程學習來建立並解決問題。我們要解決的問題是教代理人如何向目標投球。

雖然投球是我們人類天生擅長的事情，但它實際上是一項非常複雜的任務。如果您想擊中某物，您必須考慮距離、投擲力、角度、和彈道弧線。

代理人將會永遠從房間的中心開始，但目標會隨機地散佈在空間四處。代理人必須弄清楚投球的力度、瞄準的垂直角度、以及投球前要面對的方向。

這就引出了我們的課程將是什麼以及我們將如何提高情境難度的問題。

像所有強化學習方法一樣，我們將有一個獎勵結構，透過對跡近錯誤（near miss）的事件給予小額獎勵來鼓勵代理人進行改善。

這種獎勵結構將成為我們課程的基礎。我們將從一個非常大的半徑開始，該半徑被視為「跡近錯誤」，隨著時間的推移，該半徑會縮小，從而鼓勵代理人變得更加準確以不斷獲得獎勵。就像我們之前的例子一樣（松鼠一開始的體型非常大，然後隨著代理人掌握了它的目標而反復地縮小），這同樣適用於這裡。

然後，我們的課程將分為幾節難度逐漸增加的課程，其中會認為代理人已經成功投到目標附近的那個距離將被縮小。

我們可以在這裡設定任何我們想要或需要的難度等級，但我們課程的核心方法每次都是相同的。

在 Unity 中建構

讓我們從在 Unity 中建構環境開始。完成的環境將類似於圖 8-1。

與迄今為止我們在本書中所建立的所有其他範例不同，我們將在此範例中對模擬方面做一些不同的事情。

我們不會投出我們的物件，然後等待 Unity 物理引擎來移動它。相反的，我們將立即計算著陸點並使用這個計算出來的點。

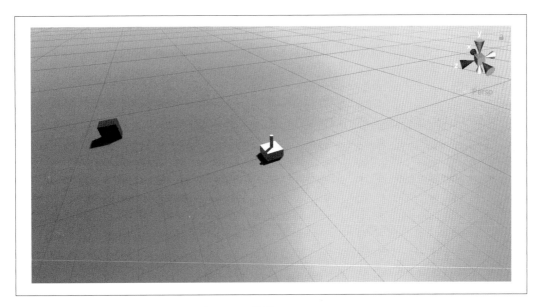

圖 8-1　我們場景中的環境，為課程學習做好準備

模型訓練好後，我們將把它變成讓我們可以四處投擲物體，因為那看起來很酷，但不適用於訓練。我們不需要以我們可以目視的方式來投擲物體，因為我們可以計算它是否會擊中我們的目標。模擬實際投擲的視覺組件會在訓練過程中不必要地減慢速度，我們不需要這樣做。一旦我們訓練了模型，就可以添加一個適當的視覺效果來映射引擎蓋下發生的事情。

這樣做的原因是，不然我們就必須在我們的代理人中添加記憶體，以便它學會將它所採取的投擲動作與它稍後獲得的獎勵相關聯。所以我們可以做一些測試並連接啟發式方法（用於手動控制，或測試，就像我們以前做過的那樣），我們將視覺化投擲的弧線和終點。

ML-Agents 框架確實支援為您的代理人添加記憶體，但由於它大量地增加了複雜性和訓練時間，我們將盡可能避免使用它。

彈道學的數學（*https://oreil.ly/DU3M0*）很好理解，所以我們不必實際執行這些步驟；相反的，我們可以對其進行數學建模。

當稍後讓我們的代理人投擲出實際的遊戲物件時，它們將準確地落在數學上說它們會降落的地方。在這件事不可能發生的那些情況下，將會需要記憶體，但這裡不需要。

請建立一個新的 Unity 專案、添加 Unity ML-Agents 套件、並在繼續之前準備好一個空場景。我們的專案很有想像力地命名為「CurriculumLearning」。

建立地面

首先，我們需要一些地面；對於這個環境，我們將建立一個平面：

1. 在 Hierarchy 中建立一個新平面。

2. 使用 Inspector 將其命名為「ground」，並將其位置設定為 (0, 0, 0)，將其縮放設定為 (20, 1, 20)。

建立地面後，我們將對其應用顏色（就像往常一樣），因此（對我們人類來說）更容易在視覺上區分模擬的不同部分：

1. 建立一個新材質，並將其命名為「GroundGrass_Mat」。

2. 使用 Inspector 將材質的反照率（albedo）顏色設定為漂亮的綠色。

3. 將材質從 Project 窗格拖曳到 Hierarchy 或場景本身的地面平面上。

現在我們的地面有了材質可以幫助我們區分一切。完成後，我們將繼續製作目標。不要忘記儲存您的場景。

建立目標

對於這部分的場景，我們的目標只是一個簡單的立方體。在訓練期間，它將用於淬取位置。但是，在推理過程中，它會被我們的代理人射擊並根據物理定律四處亂投，因此我們需要設定目標以涵蓋這兩種情境。

 「推理階段」是指您使用經過訓練的模型。您的代理人從模型中推論出動作，因此是推理階段。

1. 在 Hierarchy 中建立一個新的立方體。

2. 使用 Inspector 將其命名為「Target」，並將其位置設定為 (0, 0.5, 0)。

3. 添加一個 Rigidbody 組件。

當我們在推理模式下執行模擬時，我們的目標需要有一個 Rigidbody 以供之後使用，因為我們希望它對被投擲出的東西做出反應。這對訓練沒有影響，但我們現在需要設定它。

完成後，我們就可以開始處理我們的代理人了。在繼續之前請儲存場景。

代理人

現在是時候建構我們的代理人了：我們的代理人的基礎非常簡單，因為它將基於一個立方體（很像我們的目標）。真令人驚訝啊！

1. 在 Hierarchy 中建立一個新的立方體。

2. 將立方體命名為「Agent」，並將其位置設定為 (0, 0, 0)。

   這很簡單，但在這裡有一些可以視覺化的東西會很有用。但是，有一個問題：它會有一個對撞機，因為立方體預設有一個。這只會在稍後在推理過程中產生投擲物時造成阻礙。

3. 在 Inspector 中，從代理人中移除 Box Collider 組件。

   現在，我們的代理人有一個網格的全部原因是幫助我們視覺化它在做什麼，但並不是所有彈道軌跡的層面都可以輕鬆地顯示出來。

   因為代理人是一個立方體，我們可以看到它面對的方向，但我們需要另一個元素來顯示它對目標的投擲。

4. 在 Hierarchy 中添加一個新圓柱體（cylinder）。

5. 拖曳代理人下方的圓柱體（在 Hierarchy 中），因此它是代理人的子項目。

6. 使用 Inspector 將圓柱體的位置設定為 (0, 1, 0)，將旋轉設定為 (0.2, 1, 0.2)。

7. 在 Inspector 中，從圓柱體中移除 Collider 組件。

這給了我們一個位於盒子頂部的小圓柱體，我們可以用它來直觀地判斷高度。

雖然這將以一種奇怪的方式鉸接並穿過盒子，但這很好，因為我們只需要在啟發式階段使用它，並且它對訓練或推理中的模擬沒有影響。

這就完成了大部分的場景。在我們繼續之前儲存它。

建立模擬

隨著場景的基本結構準備就緒，是時候開始建構這件事情的模擬層面了。具體來說，正如您現在希望猜到的那樣，我們將建立我們的代理人所需的動作、觀察值、和獎勵。

使代理人成為代理人

雖然我們可能在場景中準備好代理人，但它沒有程式碼；如果沒有其他問題，則需要將其設為 Agent 子類別。

1. 建立一個新的 C# 檔案，並將其命名為 *Launcher.cs*。

2. 開啟 *Launcher.cs* 並將其替換為以下內容：

```csharp
using System.Collections;
using System.Collections.Generic;
using UnityEngine;
using Unity.MLAgents;
using Unity.MLAgents.Actuators;
using Unity.MLAgents.Sensors;

public class Launcher : Agent
{
    public float elevationChangeSpeed = 45f;

    [Range(0, 90)]
    public float elevation = 0f;

    public float powerChangeSpeed = 5f;
    public float powerMax = 20f;
    public float power = 10f;

    public float maxTurnSpeed = 90f;

    public float hitRadius = 1f;
    public float rewardRadius = 20f;

    public float firingThreshold = 0.9f;

    public Transform target;
    public Transform pitchCylinder;
}
```

在前面的程式碼中，我們宣告了一些用來控制最小值和最大值的變數，以及一些稍後將用來調整獎勵的額外值。最後，有兩個參照：一個用於目標，一個用於圓柱體。我們很快就會需要這些元素，所以現在最好先處理它們。

這些數字變數中的每一個都與彈道投擲的不同元素相關：

- *Elevation* 是垂直投擲角度；它的上限在 0 到 90 之間，而 *Elevation Change Speed* 是仰角可以改變的速度。

- *Power* 是投擲的力量，*Power Max* 和 *Power Change Speed* 限制了最大力量以及代理人可以以多快的速度來提高和降低力量。

- *Max Turn Speed* 是代理人可以多快地旋轉它面向。我們不需要對面向本身進行追蹤，因為與仰角不同，我們只會往前投擲。

- *Hit Radius* 和 *Reward Radius* 是用來提供獎勵，所以我們稍後會詳細介紹它們。

- *Firing Threshold* 限制代理人能夠投擲的頻率。

現在我們需要連接這些不同的部分：

1. 將 *Launcher.cs* 拖曳到場景中的代理人物件上。

2. 將目標物件從 Hierarchy 拖到 Inspector 中 Launcher 組件上的 target 欄位中。

3. 將圓柱體物件從 Hierarchy 拖到 Inspector 中的 Launcher 組件上的 cylinder 欄位中。

最後，需要為我們的代理人添加和配置其他必要的組件：

1. 從 Hierarchy 中選擇代理人。

2. 在 Inspector 中，單擊 Add Component 按鈕並選擇 ML Agents → Decision Requester。

3. 在 Inspector 中，單擊 Add Component 按鈕並選擇 ML Agents → Behavior Parameters。

4. 在 Behavior Parameters 組件部分，將行為重新命名為「Launcher」。

5. 將 Vector Observations Space Size 設定為 9。

6. 將 Continuous Actions 的數量設定為 4。

7. 在 Agent 組件中，將 Max Step 設定為 2000。

現在我們的代理人已經建立了它的基礎，我們可以開始添加動作了。不要忘記儲存一切。

動作

我們代理人的動作非常簡單。它將能夠旋轉它的面向（或偏航（yaw））、改變它的垂直瞄準方向（或俯仰（pitch））、增加或減少它的投擲強度，最後，投擲或發射它的投擲物。

這意味著動作緩衝區將有四個值：偏航變化（*yaw change*）、俯仰變化（*pitch change*）、力變化（*force change*）、和決定開火（*decision to fire*）（或不開火）。

 在這裡，我們將根據閾值（firingThreshold）對觸發動作的值進行門控（gate），這實際上將連續動作強制轉換為離散動作。

和連續動作（*continuous action*）相比，離散動作（*discrete action*）是代理人可以做的事情，這些事情不是會發生就是不會發生，而連續動作是代理人回應的一整個系列的可能值。

Unity 支援在單一代理人中同時使用連續動作和離散動作；但是，我們在這裡不會這樣做。

能夠動態調整這個值非常有用，這樣我們就可以透過調整發射投擲物的頻率來使模型更具侵略性。只要知道，如果您願意的話，您可以混合和匹配連續和離散的動作。

在我們建立動作程式碼之前，我們需要建立一些輔助函數：

1. 在 Launcher 類別中添加以下程式碼：

```
public Vector3 LocalImpactPoint
{
    get
    {
        var range = (power * power *
          Mathf.Sin(2.0f * elevation * Mathf.Deg2Rad)) /
              -Physics.gravity.y;
        return new Vector3(0, 0, range);
    }
}
public static Vector2 GetDisplacement
```

```
        (float gravity, float speed, float angle, float time)
    {
        float xDisp = speed * time *
          Mathf.Cos(2f * Mathf.Deg2Rad * angle);
        float yDisp = speed * time *
          Mathf.Sin(2f * Mathf.Deg2Rad * angle) - .5f * gravity * time * time;
        return new Vector2(xDisp, yDisp);
    }
```

這些方法中的第一個，`LocalImpactPoint`，將在地面平面上為我們提供一個點，當投擲物一旦鬆開後，就會降落在這個點。第二種方法，`GetDisplacement`，將根據彈道弧線傳回投擲物目前所在的空間中的特定點。

由於對彈道投影的物理特性非常了解，這兩個函數將為我們提供與直接使用 Unity 物理模擬完全相同的結果，而無需等待所有討厭的時間過去。

> `GetDisplacement` 方法是 Freya Holmer 的 Trajectory 類別（*https://oreil.ly/5GuvT*）的略微修改版本，可在 MIT 授權下使用。它是您可能會發現有用的數學程式庫的一部分；有關更多詳細資訊和授權資訊，請參閱儲存庫（*https://oreil.ly/NilGU*）。我們只需要這個函數，所以我們沒有包含所有內容，但它是一個非常酷的程式碼庫；您應該去看一下。

接下來，我們希望能夠視覺化彈道弧線，讓我們可以檢查它是否正在運作，以便以啟發式方式來測試系統時為我們提供幫助：

2. 在 Launcher.cs 類別中添加以下方法：

```
private void OnDrawGizmos()
{
    var resolution = 100;
    var time = 10f;

    var increment = time / resolution;

    Gizmos.color = Color.yellow;

    for (int i = 0; i < resolution - 1; i++)
    {
        var t1 = increment * i;
        var t2 = increment * (i + 1);
        var displacement1 = Launcher.GetDisplacement
            (-Physics.gravity.y, power, elevation * Mathf.Deg2Rad, t1);
```

```
    var displacement2 = Launcher.GetDisplacement
        (-Physics.gravity.y, power, elevation * Mathf.Deg2Rad, t2);

    var linePoint1 = new Vector3(0, displacement1.y, displacement1.x);
    var linePoint2 = new Vector3(0, displacement2.y, displacement2.x);

    linePoint1 = transform.TransformPoint(linePoint1);
    linePoint2 = transform.TransformPoint(linePoint2);

    Gizmos.DrawLine(linePoint1, linePoint2);
    }

    var impactPoint = transform.TransformPoint(LocalImpactPoint);
    Gizmos.DrawSphere(impactPoint, 1.5f);
}
```

這種方法將繪製出軌跡的弧線以及在和地面平面相交點處的小球體。

這是透過對想像中的投擲進行迭代來實現的，在每次迭代後繪製一條新的線段，最後在終點繪製一個球體。

OnDrawGizmos 方法內建於 Unity 本身中，並在每一圖框上呼叫。它可以繪製各種有用的除錯和輔助資訊（大多數輔助視覺效果，如 Scene 視圖中的平移箭頭，都是使用小工具（gizmo）繪製的）。這些小工具僅出現在 Scene 視圖中，而從不顯示在遊戲或建構中。

現在我們已經準備好來建立我們的動作了。

3.　在 Launcher.cs 類別中添加以下方法：

```
public override void OnActionReceived(ActionBuffers actions)
{
    int i = 0;
    var turnChange = actions.ContinuousActions[i++];
    var elevationChange = actions.ContinuousActions[i++];
    var powerChange = actions.ContinuousActions[i++];
    var shouldFire = actions.ContinuousActions[i++] > firingThreshold;

    transform.Rotate(0f, turnChange * maxTurnSpeed *
        Time.fixedDeltaTime, 0, Space.Self);

    elevation += elevationChange * elevationChangeSpeed *
        Time.fixedDeltaTime;
    elevation = Mathf.Clamp(elevation, 0f, 90);
    pitchCylinder.rotation = Quaternion.Euler(elevation, 0, 0);
```

```
power += powerChange * powerChangeSpeed * Time.fixedDeltaTime;
power = Mathf.Clamp(power, 0, powerMax);

if (shouldFire)
{
    var impactPoint = transform.TransformPoint(LocalImpactPoint);
    var impactDistanceToTarget = Vector3.Distance
        (impactPoint, target.position);
    var launcherDistanceToTarget = Vector3.Distance
        (transform.position, target.position);

    var reward = Mathf.Pow(1 - Mathf.Pow
        (Mathf.Clamp(impactDistanceToTarget, 0, rewardRadius) /
            rewardRadius, 2), 2);

    if (impactDistanceToTarget < hitRadius)
    {
        AddReward(10f);
    }

    AddReward(reward);
    EndEpisode();
}
}
```

這個方法有很多事情要做。首先，我們從緩衝區中獲取動作，並檢查觸發動作是否高於其閾值。

然後我們開始透過動作來進行工作，根據動作值來調整俯仰、偏航、和投擲力。

真正的魔法發生在 if（shouldFire）區段。這是我們給予獎勵的地方。

首先，決定我們的投擲物將降落到離目標多遠的地方，然後我們根據該距離來縮放給予的獎勵。距離因子符合 sigmoid 形狀。

 我們決定像這樣縮放獎勵，因為在我們的測試過程中，發現它比線性的獎勵更有效。雖然線性仍然有效，但它需要更長的時間。許多強化學習都涉及這種嘗試錯誤。

接下來，如果我們在 hitRadius 內，就像我們直接擊中盒子一樣，我們會給代理人一個非常大的獎勵。最後，我們結束了這一段情節。

因為代理人只有在釋放投擲物後才會結束這一情節並獲得獎勵，因此有時可能需要一段時間才能獲得任何分數。

您可以等一下來嘗試調整投擲閾值，或者取消訓練並重新啟動它，希望它的隨機啟動在下一次更渴望進行釋放。

所有選項都有效：只要選擇您認為最吸引人的選項。

觀察值

下一步是讓我們的代理人透過觀察值來感知世界。我們之前提到會有九個觀察值，所以現在讓我們來製作它們。在此活動中，我們將透過重寫的 CollectObservations 中的程式碼來提供所有觀察值，而且我們不會在 Unity Editor 中添加任何感測器。

將以下方法添加到 *Launcher.cs*：

```
public override void CollectObservations(VectorSensor sensor)
{
    sensor.AddObservation(transform.InverseTransformDirection
        (target.position - transform.position));
    sensor.AddObservation(elevation);
    sensor.AddObservation(power);
    sensor.AddObservation(LocalImpactPoint);
    sensor.AddObservation(Vector3.Distance
        (transform.InverseTransformPoint(target.position), LocalImpactPoint));
}
```

我們添加的前三個觀察值代表相對於目標的朝向、投擲的高度、和投擲的力量。

接下來的兩個是投擲後它會擊中的位置以及擊中點相對於目標的距離。

所以，如果我們假裝代理人是一隻手臂，我們實際上是在告訴代理人它的手臂的設定，以及如果它基於目前的設定來投擲會飛多遠。

儘管這看起來像是很多資訊，但它與我們（作為人類）思考投擲東西的方式並沒有什麼不同。我們非常擅長在投擲前估計投擲的落點，並使用這些資訊來進行調整。

我們的代理人只是得到了一些額外的幫助，因為它們的「估計」將是完美的。然而，作為人類，我們也可以估計滯空時間，甚至可以調整我們的投擲以擊中移動目標以補償移動 —— 我們的代理人不知道要如何處理這些。

人類的啟發式控制

這是一個非常複雜的情境，因此我們想先對其進行測試，以確保在開始訓練代理人之前我們沒有犯過某種巨大的錯誤。

讓我們連接一些啟發式控制，以便可以快速地測試情境的基本特性。

 此外，這玩起來也很有趣。

和我們之前的所有活動一樣，這樣做是為了讓作為人類的我們可以在測試期間控制事物，而不是為了任何會用在訓練的東西（不像為 BC 記錄示範過程）：

1. 在 Launcher 類別中添加以下方法：

```
private bool heuristicFired = false;
public override void Heuristic(in ActionBuffers actionsOut)
{
    var continuousActions = actionsOut.ContinuousActions;

    var input = new Vector3();

    var keysToVectors = new (KeyCode, Vector3)[]
    {
        (KeyCode.A, new Vector3( 0, -1,  0)),
        (KeyCode.D, new Vector3( 0,  1,  0)),
        (KeyCode.W, new Vector3(-1,  0,  0)),
        (KeyCode.S, new Vector3( 1,  0,  0)),
        (KeyCode.Q, new Vector3( 0,  0, -1)),
        (KeyCode.E, new Vector3( 0,  0,  1)),
    };

    foreach (var e in keysToVectors)
    {
        if (Input.GetKey(e.Item1))
        {
            input += e.Item2;
        }
    }

    var turnChange = input.y;
    var elevationChange = input.x;
```

```
var powerChange = input.z;

int i = 0;
continuousActions[i++] = turnChange;
continuousActions[i++] = elevationChange;
continuousActions[i++] = powerChange;

if (Input.GetKey(KeyCode.Space))
{
    if (heuristicFired == false)
    {
        continuousActions[i++] = 1;
        heuristicFired = true;
    }
    else
    {
        continuousActions[i++] = 1;
    }
    continuousActions[i++] = 1;
}
else
{
    heuristicFired = false;
    continuousActions[i++] = 0;
}
}
```

這看起來比實際複雜。雖然這裡有相當多的程式碼，但它所做的只是偵測是否有任何指定的 QWEASD 鍵被按住，如果是的話，它會增加在動作緩衝區中的相關動作的值（W 和 S 表示俯仰、A 和 D 表示旋轉、Q 和 E 代表力量）。

這使我們可以完全控制投擲的面向、俯仰、和力量。

然後，如果按下空格鍵，我們還會將觸發閾值設定為 1，以確保代理人將釋放其投擲。

讓我們試一試，看看它是如何運作的。

2. 在 Hierarchy 中選擇代理人。

3. 在 Inspector 中，找到 Behavior Parameters 組件。

4. 將 Behavior Type 屬性從 Default 更改為 Heuristic。

5. 播放場景並盡力擊中目標。

因為我們顯然沒有犯任何錯誤，也不需要修復任何東西（對嗎？），我們很高興繼續進行課程這邊的工作。

建立課程

我們之前說過，課程將透過減小獎勵半徑的大小來提高難度，從而迫使代理人越來越接近目標，以不斷的獲得獎勵。這意味著我們需要做幾件事：定義課程、決定映射到難度的值、還有根據課程值來重設環境。讓我們先從重設值開始。

重設環境

我們實際上還沒有完成任何工作來重設環境。如前所述，我們希望根據課程來改變環境，但這並不是需要改變的全部。

我們的模擬中有三個部分在起作用：代理人、目標、和獎勵信號。

我們希望每次重設都修改所有三個，但只有其中一個會受到課程的影響。這意味著我們可以在完全不關心課程本身的情況下重設大部分環境。

將以下方法添加到 Launcher 類別：

```
public override void OnEpisodeBegin()
{
    power = Random.Range(0, powerMax);
    elevation = Random.Range(0f, 90f);
    transform.eulerAngles = new Vector3(0, Random.Range(0, 360f), 0);

    var spawn = Random.insideUnitCircle * 100f;
    target.position = new Vector3(spawn.x, 0, spawn.y);

    rewardRadius =
        Academy.Instance.EnvironmentParameters.GetWithDefault
        ("rewardRadius", 25f);
}
```

這將在新的訓練情節開始時由訓練來呼叫。現在，它還沒有很多程式碼，但它確實包含了我們所有與課程學習相關的程式碼。

在這裡，我們將投擲的初始朝向、高度、和力量隨機化。然後還在地面平面上選擇一個隨機點並將目標移動到那裡。最後，我們設定了 rewardRadius，它決定了我們必須離目標多近才能獲得的任何獎勵。

就課程學習而言，這最後一步是神奇的一步。rewardRadius 值將根據它從 Academy 環境變數中所獲得的值來設定，特別是來自環境變數 rewardRadius，我們還沒有設定此值，但很快就會設定。這裡的環境變數設定了一個預設值，在我們的例子中是 25，這是在找不到環境變數的情況下使用的。

完成後，如果您按原樣執行模擬並檢查代理人上的 rewardRadius 的值，您將看到它始終為 25，因為我們還沒有真正地建立配置，所以它使用了預設值。儘管如此，我們已經完成了重設，所以我們現在可以繼續建立課程方面的內容。

課程配置

我們的環境現在已正確配置為使用課程所提供的值來增加難度，但實際上還沒有建立課程，所以讓我們修復這點。

為了建立課程，我們將使用 YAML 配置檔案中我們沒有深入探索的一段：環境參數。在這裡，可以配置我們的課程以慢慢增加情境的難度。

所有的課程基本上都歸結為我們添加到 YAML 檔案中用於訓練的一組額外值：

1. 建立一個新的 YAML 檔案，並將其命名為「launcher.yaml」。

2. 將以下文本添加到 YAML 檔案中：

```
behaviors:
  Launcher:
    trainer_type: ppo
    hyperparameters:
      batch_size: 2048
      buffer_size: 20480
      learning_rate: 3.0e-4
      beta: 1.0e-2
      epsilon: 0.2
      lambd: 0.95
      num_epoch: 3
      learning_rate_schedule: linear
    network_settings:
      normalize: false
```

```
    hidden_units: 256
    memory_size: 256
    num_layers: 2
    vis_encode_type: simple
  reward_signals:
    extrinsic:
      gamma: 0.995
      strength: 1.0
  keep_checkpoints: 5
  max_steps: 10000000
  time_horizon: 120
  summary_freq: 10000
```

這是使用 PPO 訓練代理人的最簡單的設定，如果我們不想展現課程學習的話，這將是我們停止的地方。

現在我們將添加與課程相關的部分。

3. 將以下內容添加到 YAML 檔案的底部：

```
environment_parameters:
  rewardRadius:
    curriculum:
      - name: Lesson0
        completion_criteria:
          measure: reward
          behavior: Launcher
          signal_smoothing: true
          min_lesson_length: 100
          threshold: 1.0
          require_reset: true
        value: 100
```

在這裡，我們宣告了一個名為 rewardRadius 的新環境參數，這和我們之前在程式碼中使用的相同，然後將其設定為由課程來修改。

目前的課程中只有一門課：我們將其命名為 Lesson0，但可以隨意命名。稍後我們將添加更多門課，但現在讓我們單獨看一下這門課。

首先，我們有 name。正如之前提到的，我們不會透過名稱來外顯式地參照它，但日誌會使用它，因此值得設定一個。

接下來我們有兩個不同的屬性，completion_criteria 和 value。

completion_criteria 負責處理目前這門課何時結束、開始下一門課。

特別是，有兩個最重要的元素是 measure 和 min_lesson_length。

measure 可以是 reward 或 progress。progress 不是從獎勵信號中獲取何時要進行更改的提示，而是使用已採取的步數與最大步數的比率。

在我們的例子中，我們希望獎勵本身是讓我們變得更好的程序，這就是我們使用它的原因。

接下來，min_lesson_length 是一個控制因子，用於防止出現幸運的開始，而不是將代理人置於比它準備好面對的還困難的環境中。

100 這個值意味著在下一門課開始之前，代理人必須執行至少 100 次大於或等於 threshold 的迭代。

最後，value 屬性是我們可以控制環境參數將獲得的實際值的地方。

在我們的例子中，我們將其設定為 100，這為它提供了一個很大的初始區域來獲取獎勵。

您可以將 value 設定為具有最小值和最大值的範圍，而不是單一值，並讓課程從該範圍中隨機選擇。

您甚至可以配置是否希望它是整個範圍內值的均勻採樣（uniform sampling）或高斯採樣（Gaussian sampling）。

現在我們的第一門課已經完成，是時候完成我們的課程了。

4. 將以下內容添加到 YAML 檔案的課程區段：

```
- name: Lesson1
  completion_criteria:
     measure: reward
     behavior: Launcher
     signal_smoothing: true
     min_lesson_length: 100
     threshold: 3.0
     require_reset: true
  value: 75
- name: Lesson2
  completion_criteria:
     measure: reward
     behavior: Launcher
     signal_smoothing: true
```

```
                min_lesson_length: 100
                threshold: 6.0
                require_reset: true
          value: 50
      - name: Lesson3
          value: 25
```

我們在這裡為模型添加了另外三門課，每門課都和第一門基本上相同 —— 除了重設時盒子距離的值有所增加。

 此處 YAML 檔案中設定的環境參數不必僅用於課程學習。Unity ML-Agents 也將它們用於任何環境的隨機化。它們只是 ML-Agent 可以存取然後注射進入模擬的變數，您可以隨意使用它們。

唯一的區別是，在最後一課中，我們將獎勵半徑設定得非常小，並且沒有設定完成的標準，因為我們希望代理人能夠受到充分的挑戰。重要的是要提到課程中的每門課都是列表的一部分，這就是為什麼小破折號（-）會出現在 YAML 檔案中的命名課程旁邊的原因。沒有這個，課將無法進行。

 如果您正在計劃或需要在課程中學習大量的課，您可以將它們宣告為陣列，而不是像我們一樣一一建構。我們只有幾門課，所以像我們一樣把它們全部寫出來就可以了。

現在我們的課程編寫完了，終於準備好繼續訓練我們的模型了。

 我們只修改了一個變數，rewardRadius，但您可以修改任意數量的變數，或者您可以使用它們來從根本上改變環境，遠遠超過我們所做的。這種情境的另一個不錯的選擇是減少 hitDistance 的半徑，這樣要能夠完美的命中也必須變得更準確才可以。我們嘗試讓事情變得簡單，以便您可以了解如何使用課程學習，但無論您在課程中修改多少變數，原理都是相同的。和 ML 中的所有事情一樣，要找出使用某種技術的正確方法通常會比我們所想的更為「猜測並檢查」。

訓練

一切準備就緒，是時候開始我們的訓練了：

1. 在 Inspector 中，在代理人的 Behavior Parameters 組件中，將 Behavior Type 從 Heuristic 更改為 Default。

2. 執行以下命令：

    ```
    mlagents-learn config/launcher.yaml --run-id=launcher
    ```

3. 坐下來，放鬆一下，等待訓練結束。

 您可以在代理人上調整許多不同的變數，以調整彈道弧線看起來的感覺。您應該在啟發式模式下嘗試進行設定，看看是否能找到您喜歡的設定。但是，如果您只想要我們用到的那些的話，它們是：

- Elevation Change Speed = 45
- Power Change Speed = 5
- Power Max = 50
- Max Turn Speed = 90
- Hit Radius = 3
- Reward Radius = 100
- Firing Threshold = 0.9

在我們的案例中，我們發現訓練大約需要一整天，所以絕對不要在那傻等。但是一旦完成，您將擁有一個漂亮整潔的小代理人，能夠非常準確地向目標投擲彈丸。

執行它

因為我們在訓練代理人時並沒有真正在場景中投擲虛擬岩石，所以觀看訓練後的代理人會很乏味。

如果您將新訓練的模型添加到 Unity 並將其連接到代理人，會看到它旋轉並調整其角度，但過程中您實際上能夠看到的唯一一部分是，它改變了我們作為是 Gizmo 而添加的黃色弧線。

不過，我們希望看到的是代理人在將虛擬岩石扔到遠處之前調整俯仰和偏航；黃色拋物線就是不令人滿意。

此外，由於該情節在發射彈丸後立即結束，因此即使目標確實出現了彈丸，您也不會看到實際被擊中的目標，因為它會突然被傳送到世界的另一個地方，所以我們也必須改變這一點。

然而，這一章已經很長了，再加上用來展示代理人實際這樣做的所有必要步驟會使它變得非常巨大。

因此，我們將跳過這方面的事情，按照歷史悠久的烹飪節目傳統，說「這是我們之前就準備好的」，然後將您定向到我們的網站（*https://oreil.ly/1efRA*），如果您想查看我們建立的場景的話。

這是一個和我們為訓練而建立的場景並沒有太大不同的場景，但是將其設計為讓觀看代理人執行其動作時會更令人興奮。

這個場景的核心類似於本章稍早討論的先前訓練。當情節重設時，我們有一個目標將隨機放置在地面平面上。和訓練環境不同，我們不會在代理人發射時就結束這一情節。相反的，我們將產生一個具有由代理人決定其物理特性的彈丸。然後，該彈丸從代理人中飛出，並希望能夠擊中目標。

因為它很可能會擊中目標很多次，所以我們不會立即重設環境。相反的，我們透過對目標施加爆炸力來將目標拋向空中。在目標被命中 3 次後，或者如果它從世界邊緣掉出去，我們就會重設情節。

三次命中是我們隨意選擇的，因為給予過多的獎勵往往會攪混一池水。嘗試找出最適合您建構的每個場景的方法。嘗試錯誤！同樣的，在這種語境中，「世界邊緣」意味著落到平面所在的 y 軸的下面（換句話說，彈丸沒有擊中任何東西，並且一直在下落）。

現在，我們並沒有限制它可以發射多少彈丸，所以有時它只會將它們炸開，但如果彈丸從世界邊緣掉下或撞到什麼東西，我們會刪除它們。

如果您想增加或減少它釋放的彈丸數量，最容易調整的參數是 firingThreshold。增加它會降低它產生彈丸的可能性，減少它會增加它產生彈丸的可能性。

我們發現 0.6 是發射大量彈丸的良好閾值；請嘗試一些不同的值，看看什麼對您有用。

將程式碼修改為僅支援單一彈丸並不太難，這留給讀者作為練習。

如果您好奇的話，大部分的更改都在 *InferenceLauncher.cs* 和 *Projectile.cs* 中，裡面包含了用於管理代理人和彈丸本身的所有程式碼。

然而，從代理人的角度來看，它與我們之前編寫的原始啟動器程式碼相同。唯一真正的區別是我們這裡沒有任何獎勵，因為它們是不必要的，所以我們把它們拿掉了。

所有其他更改都是視覺性的調整。您可以在本書的資源中找到這些檔案，這些檔案可在本書的特定網站上找到。

課程對比其他方法

課程訓練的重點是改善訓練；也就是說，要不然就增加訓練速度，要不然就增加訓練的總得分（也就是品質），或者兩者兼具。如果您開始設計像我們在第一課中所使用的場景，100 的獎勵半徑可能會感覺非常大，因為它覆蓋了很大一部分地面。設計獎勵半徑為 25 的東西有可能更適合您的需求。實際上，我們還建立了一個半徑為 25 的較小的訓練結果，您可以在圖 8-2 中看到差異。

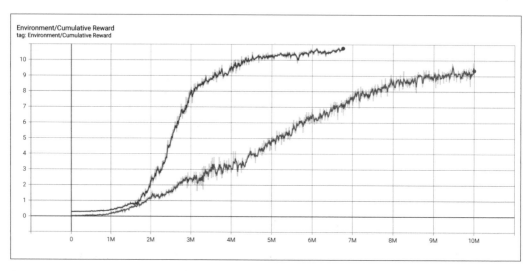

圖 8-2　TensorBoard 獎勵顯示課程學習（上方線）與傳統訓練（下方線）

當您把這些情節並排顯示時，您會發現課程學習不僅學得更快，而且學得更好；也就是說，它獲得了更高的平均獎勵，並且以更少的步驟來獲得了更高的獎勵。實際上，我們在略低於 700 萬次迭代時就停止了課程學習的訓練，因為它基本上獲得了可能的最大獎勵，然而即使在 1000 萬次迭代之後，傳統的學習方法也只能獲得大約 90% 的最大可能獎勵。值得一提的是，我們也遇到過一些情況，即使在相同的設定下課程學習會比傳統學習方法慢得多（如圖 8-3 所示），儘管它仍然獲得了更高的總分。

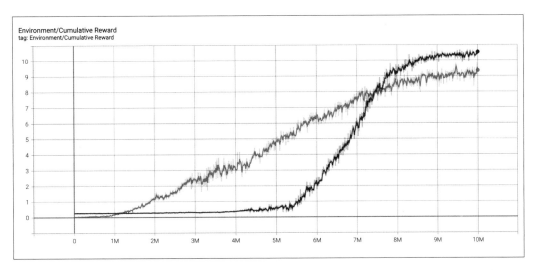

圖 8-3　TensorBoard 獎勵顯示課程學習速度較慢（較低、彎曲線）與傳統訓練（上方，直線）

我們對此的猜測是，當它在神經網路中使用隨機權重初始化時，碰巧導致了較低的射擊閾值，使其在投擲彈丸時猶豫不決。我們相信情況確實如此，因為一旦它在我們的課程中完成了 Lesson0，它就不會費力地學習；它只想要用心學習第一部分。如果您基本上將較慢的課程學習線往左移，它基本上會與第一個相同，從而產生幾乎相同的形狀和相同的總獎勵。因此，這表明課程學習並不是適用於所有情況的靈丹妙藥，訓練的早期階段確實會對整體訓練產生重大影響，但即便如此，它在複雜場景中仍然具有優勢。

下一步是什麼？

完成本章後，我們解開了一個簡單的課程學習範例。您可以將課程學習用於幾乎任何類型的問題，在這些問題中將其分解為步驟更有意義。

Unity 的說明文件附帶了幾個很棒的課程學習範例，如果您想進一步探索，我們在本書的線上素材中提供了一些指向最佳起點的連結（*https://oreil.ly/9WmyP*）。

第 9 章

合作學習

在本章中，我們將在模擬和強化學習方面再向前邁出一步，並建立一個模擬環境，而在此環境中，多個代理人必須朝著同一個目標共同努力。這類的模擬涉及了**合作學習**（*cooperative learning*），代理人通常會以一個群體而不是個別來獲得獎勵 —— 其中也包括可能對導致獎勵的那個動作沒有做出貢獻的代理人。

在 Unity ML-Agents 中，合作學習的首選訓練演算法和方法被稱為 Multi-Agent POsthumous Credit Assignment（簡稱 MA-POCA）。MA-POCA 涉及為一群代理人訓練集中的**評論家**（*critic*）或**教練**（*coach*）。MA-POCA 方法意味著代理人還是可以了解他們需要做什麼，即使該群組是被獎勵的實體。

> 在合作學習環境中，您仍然可以根據需要向單一代理人提供獎勵。稍後我們將簡要介紹這一點。您也可以使用其他演算法，或者像往常一樣只使用 PPO，但 MA-POCA 具有可以讓合作學習變得更好的特殊功能。您可以將一組經過 PPO 訓練的代理人連接在一起，以獲得類似的結果。不過，我們不推薦這樣做。

用於合作的模擬

讓我們用一組需要協同工作的代理人來建構一個模擬環境。這個環境有很多部分，所以慢慢來，一步一步來，而且如果需要的話做一下筆記。

我們的環境將涉及三個相同的代理人，以及三個不同大小的立方體各兩個（總共六個立方體）。代理人需要共同努力以有效地將目標移動到目標區域，特別是較大的立方體，它將需要不止一個代理人的力量才推的動。

在 Unity 中建構環境

建立一個新的 Unity 專案，添加 Unity ML-Agents 套件，並在編輯器中開啟一個新場景。我們的專案叫做「Coop」。

讀取專案後，我們需要做的第一件事就是要製作我們合作學習模擬中的物理元素，因此我們需要：

- 一片地板。
- 一些牆壁。
- 目標區域。
- 一些不同大小的方塊。
- 代理人。

現在讓我們開始吧。

組裝地板和牆壁

像往常一樣，我們的牆壁和地板將是被縮放的立方體。在您的場景中，在 Unity Editor 中執行以下操作：

1. 在 Hierarchy 中建立一個立方體，將其命名為「Floor」，並將其縮放為 (25, 0.35, 25)，所以它會是一個大方形。

2. 在 Project 窗格中建立新材質，指定顏色（我們的是淺棕色），然後將此材質指派給地板。

3. 在 Hierarchy 中建立四個立方體，將它們命名為「Wall1」、「Wall2」、「Wall3」和「Wall4」，並將它們縮放到 (25, 1, 0.25)，這樣就足夠符合地板每一邊的長度。

4. 旋轉牆壁並將其定位在地板的任一側，如圖 9-1 所示。

圖 9-1 位於地板上的牆壁

5. 在 Project 窗格中建立一個新材質，指派一種顏色（我們的是淺藍色），然後將此材質指派給所有四個牆壁物件。

6. 在 Hierarchy 中建立一個空的 GameObject，將其命名為「Walls」或類似名稱，然後拖曳下方的四個牆壁物件，使它們成為子物件。

此時，您的世界應該如圖 9-1 所示。儲存場景後即可繼續。

添加目標

接下來我們需要一個目標區域。正如我們之前看到的，目標區域將是代理人必須推動方塊的地板區域。它會是鮮豔的顏色，以便我們人類在 Unity 中查看它時可以分辨出它在哪裡，並且它將為代理人提供很大的 Box Collider 體積：

1. 在 Hierarchy 中建立一個新平面，將其命名為「Goal」，並將其縮放為 (0.5, 1.16, 2.5)。

2. 在 Project 窗格中建立一個新材質,並指派一種明亮、令人分心的顏色(我們的是紅色)。將此材質指派給目標。

 只是提醒一下,在此案例中,代理人沒有任何可能會向它顯示目標顏色的感測器。它根據從感測器所獲得的資訊來知道目標的位置,稍後將對此進行介紹。它看不到顏色。顏色是供人類觀看的。

3. 將目標放在地板上,靠在地板的某一側,如圖 9-2 所示。

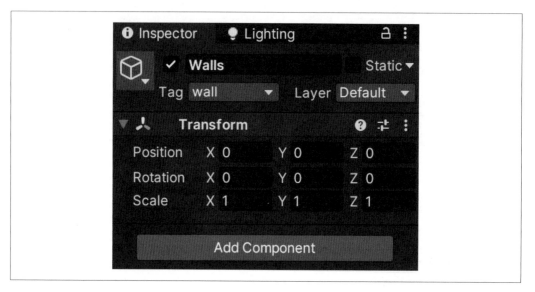

圖 9-2　目標區域

4. 在目標的 Inspector 中,單擊 Edit Collider 按鈕並調整目標的 box collider 的大小,讓它包含一個很大的體積,如圖 9-3 所示。這將用於偵測代理人何時會設法將其中一個方塊推入目標區域。

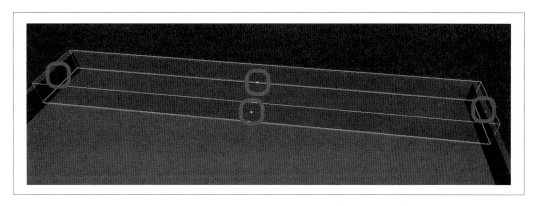

圖 9-3　目標對撞機

5.　同樣的，在目標的 Inspector 中，勾選 Is Trigger 按鈕。我們不希望代理人或方塊實際上與目標的體積發生碰撞，我們只想知道它們在目標的體積中。

這就是目標區域的一切。您的版本現在應該如圖 9-4 所示。在繼續之前請儲存場景。

圖 9-4　具有目標的區域

不同大小的方塊

現在我們將為合作代理人建立一些方塊來推入目標中。我們希望擁有三種不同類型的方塊，如圖 9-5 所示：

- 小方塊。
- 中方塊。
- 大方塊。

我們將為製作的每個類型的方塊建立副本，讓每種類型都會有兩個。每種類型都將獲得不同的獎勵金額，當整個代理人群組將一個方塊推入目標時，它們將獲得該獎勵金額。

此外，透過物理系統，有一些方塊會比其他方塊還重，這意味著代理人需要共同努力才能將它們推入目標，因此這組代理人將獲得更高的分數。

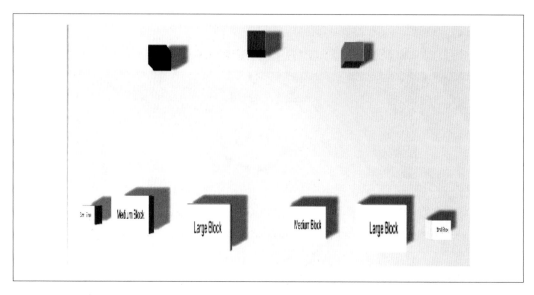

圖 9-5　三種方塊

請按照以下步驟來建立方塊：

1. 將一個新立方體添加到 Hierarchy 中，並將其命名為「Small Block 1」或類似名稱。我們將它設為預設大小。

2. 使用 Inspector 中的 Add Component 按鈕來添加一個 Rigidbody 組件。

3. 按照圖 9-6 來設定 Rigidbody 組件。

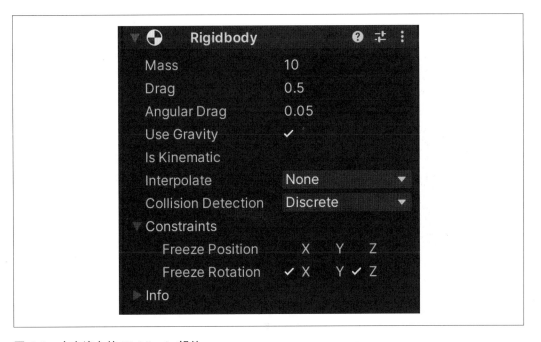

圖 9-6　小方塊上的 Rigidbody 組件

4. 複製 Small Block 1，並建立（並將其命名為）Small Block 2。

 您可能會注意到我們已經在方塊中添加了顯示一些文字的畫布。如果您願意的話也可以這樣做。它並沒有連接到 ML 組件，只用於讓人類來看見。

5. 將它們都放置在場景中，如圖 9-7 所示。

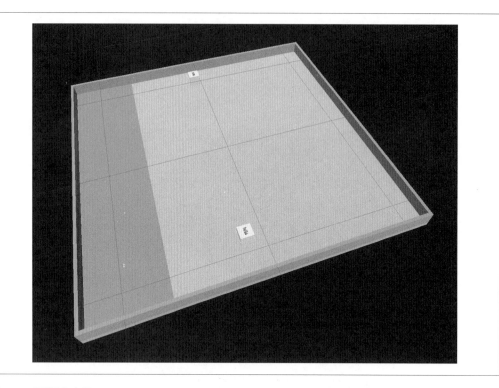

圖 9-7　兩個小方塊

6. 接下來，複製其中一個小方塊，並將其命名為「Medium Block 1」。

7. 將 Medium Block 1 的縮放比例改為 (2，1，2)，比 Small Block 1 大一點。

8. 使用 Inspector，將 Medium Block 1 在 Rigidbody 組件中的質量設定為 100，讓它變得很重。

9. 複製 Medium Block 1，並建立（並將它命名為）Medium Block 2。

10. 將兩個中方塊放置在場景中，並放在小方塊旁邊，如圖 9-8 所示。

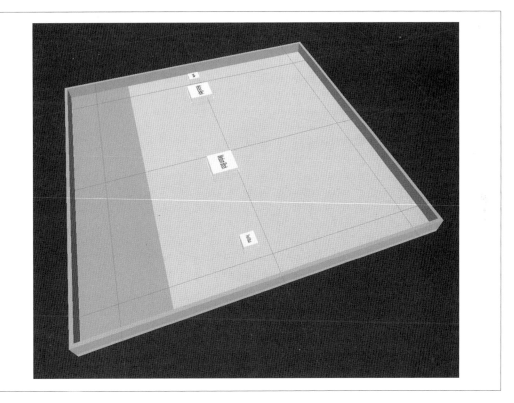

圖 9-8　添加了中方塊

11. 最後，複製其中一個中方塊，並將其命名為 Large Block 1。

12. 將 Large Block 1 的縮放比例改為 (2.5, 1, 2.5)。

13. 使用 Inspector，將 Large Block 1 在 Rigidbody 組件中的質量設定為 150，所以它真的很重。

14. 和中、小方塊一樣，複製 Large Block 1，建立並將其命名為 Large Block 2。

15. 如圖 9-9 所示，在場景中將兩個大方塊放置在所有其他方塊旁邊。

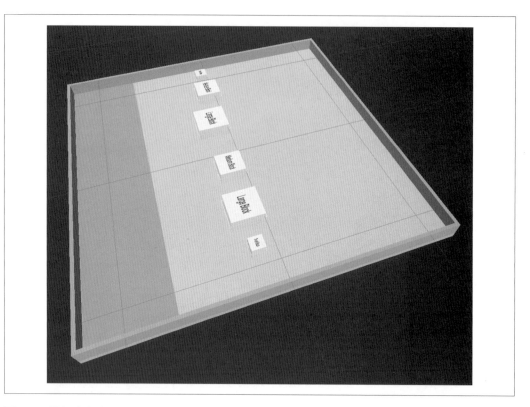

圖 9-9　添加大方塊

這就是現在的方塊 —— 我們稍後會回到它們來添加一些程式碼。請儲存場景。

代理人

代理人非常簡單，它們所有的合作行為都來自我們稍後將編寫的腳本，而不是它們在編輯器設定中的任何特殊設定：

1. 在 Hierarchy 中建立一個新立方體，並將其重新命名為「Agent 1」。將其維持在預設縮放比例。

2. 添加一個 Rigidbody 組件，它的設定如圖 9-10 所示。

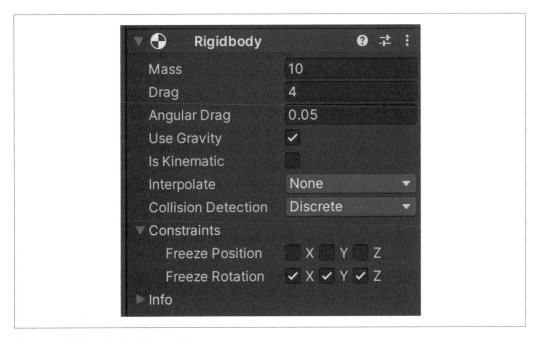

圖 9-10　代理人的 Rigidbody 組件

3. 將它複製兩次，並將這兩個新副本重新命名為 Agent 2 和 Agent 3。

4. 建立三種不同顏色的新材質（每個代理人一個），並將它們指派給代理人。

5. 如圖 9-11 所示，將它們放置在和我們相似的位置。

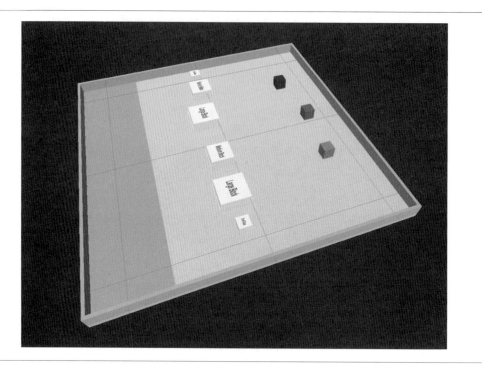

圖 9-11　三個代理人

對於代理人的部分目前就先這樣。接下來將要添加一些程式碼，之後我們需要回到 Unity 場景來實作更多的東西。不要忘記要儲存場景。

為代理人編寫程式碼

隨著大部分場景的建構，是時候來為代理人編寫程式碼了。這個代理人的程式碼實際上很簡單，因為很多的邏輯被移到了別處 ── 我們很快就會講到。

對於代理人來說，我們只需要實作以下方法：

- Initialize()

- MoveAgent()

- OnActionReceived()

我們繼續吧：

1. 在 Project 窗格中建立一個新的 C# 腳本資產，並將其命名為「Cooperative Block Pusher」或類似名稱。

2. 在程式碼編輯器中開啟新腳本、刪除整個樣板程式碼、並添加以下的匯入：

```
using UnityEngine;
using Unity.MLAgents;
using Unity.MLAgents.Actuators;
```

3. 接下來，實作類別的骨架，並確保它源自 Agent：

```
public class CoopBlockPusher : Agent
{

}
```

4. 添加一個成員變數來儲存對代理人 Rigidbody 的參照：

```
private Rigidbody agentRigidbody;
```

5. 覆寫代理人的 Initialize() 函數以獲取該 Rigidbody 的控制代碼：

```
public override void Initialize() {
    agentRigidbody = GetComponent<Rigidbody>();
}
```

6. 接下來，建立一個 MoveAgent() 方法：

```
public void MoveAgent(ActionSegment<int> act) {

}
```

此方法使用了 ML-Agents 的 ActionSegment 資料結構來接受陣列作為參數（act）。這會在我們將很快就要覆寫的 OnActionReceived() 中呼叫，傳入離散動作的陣列以移動代理人。

 每次只會進行一個特定的離散動作，因此我們只查看陣列的第一個條目。該代理人將有七種不同的可能動作（什麼都不做、向一側旋轉、向另一側旋轉、前進、後退、左轉、以及右轉）。

7. 現在在新方法中，將一些有關方向和旋轉的臨時變數歸零：

```
var direction = Vector3.zero;
var rotation = Vector3.zero;
```

8. 獲取我們正在使用的陣列的第一個（也是唯一一個）條目的控制代碼，它代表了目前的特定操作：

```
var action = act[0];
```

9. 現在，在 action 上進行 switch：

```
switch(action) {
    case 1:
        direction = transform.forward * 1f;
        break;
    case 2:
        direction = transform.forward * -1f;
        break;
    case 3:
        rotation = transform.up * 1f;
        break;
    case 4:
        rotation = transform.up * -1f;
        break;
    case 5:
        direction = transform.right * -0.75f;
        break;
    case 6:
        direction = transform.right * 0.75f;
        break;
}
```

這個 switch 敘述設定了旋轉或方向的臨時變數其中之一，具體取決於傳遞的動作。

 哪個動作會映射到代理人的哪個實際動作完全是任意的。我們只是事先決定，並延用下去。機器學習系統會學習什麼應用在什麼，並且處理它。

10. 接下來，透過旋轉代理人的 transform 來實作已設定的任何動作，並對代理人的 Rigidbody 施加力，分別用於旋轉和方向：

```
transform.Rotate(rotation, Time.fixedDeltaTime * 200f);
agentRigidbody.AddForce(direction * 3, ForceMode.VelocityChange);
```

11. 這就是 MoveAgent() 方法的全部內容，所以現在我們轉向 OnActionReceived()，它會實際呼叫 MoveAgent()：

```
public override void OnActionReceived(ActionBuffers actionBuffers) {
    MoveAgent(actionBuffers.DiscreteActions);
}
```

這裡所做的就是獲取它接收到的 `ActionBuffers` 的離散組件，並將其傳遞給我們剛才編寫的分別的 `MoveAgent()` 方法。

 本來也可以把我們在 `MoveAgent()` 中編寫的程式碼放在 `OnActionReceived()` 中，但是因為 `OnActionReceived()` 在技術上是關於處理動作而不是專門關於移動的，所以呼叫我們的 `MoveAgent()` 方法會更乾淨，即使說現在唯一可以做的動作是與移動相關的。

這就是我們代理人程式碼的全部內容。請儲存腳本，然後返回 Unity Editor。

為環境管理器編寫程式碼

現在我們需要製作一個腳本來負責環境本身。此腳本將完成一些繁重的工作，以讓我們擁有合作代理人：

1. 在 Project 窗格中建立一個新的 C# 腳本資產，並將其命名為「CooperativeBlock-PusherEnvironment」或類似名稱。

2. 開啟新腳本並刪除樣板程式碼。

3. 添加以下的匯入：

   ```
   using System.Collections;
   using System.Collections.Generic;
   using Unity.MLAgents;
   using UnityEngine;
   ```

4. 為其他所有內容建立一個類別來進入：

   ```
   public class CoopBlockPusherEnvironment : MonoBehaviour {

   }
   ```

   此類別不需要是 `Agent` 的子類別，而可以只是預設的 Unity `MonoBehaviour` 的子類別。

5. 建立一個類別來儲存所有將會一起工作的代理人，以及他們的起始位置：

   ```
   [System.Serializable]
   public class Agents {
       public CoopBlockPusher Agent;

       [HideInInspector]
       public Vector3 StartingPosition;
   ```

```
[HideInInspector]
public Quaternion StartingRotation;

[HideInInspector]
public Rigidbody RigidBody;
}
```

6. 現在為它們將要推入目標的方塊建立一個類似的類別：

```
[System.Serializable]
public class Blocks {
    public Transform BlockTransform;

    [HideInInspector]
    public Vector3 StartingPosition;

    [HideInInspector]
    public Quaternion StartingRotation;

    [HideInInspector]
    public Rigidbody RigidBody;
}
```

7. 我們需要建立一個漂亮的 int，來儲存我們希望環境採取的最大步數，讓我們可以從編輯器輕鬆地配置它：

```
[Header("Max Environment Steps")] public int MaxEnvironmentSteps = 25000;
```

8. 我們還需要建立一個成員變數的集合，以儲存有用的東西的控制代碼，例如地面、整體區域、目標、需要重設時要檢查的東西、以及未被送到目標的方塊數：

```
[HideInInspector]
public Bounds areaBounds;

// 地面（我們用它來產生需要放置的東西）
public GameObject ground;

public GameObject area;

public GameObject goal;

private int resetTimer;

// 剩餘的方塊
private int blocksLeft;
```

9. 我們需要使用剛才編寫的類別來建立兩個串列，一個是 Agents 另一個是 Blocks：

```
// 所有代理人的串列
public List<Agents> ListOfAgents = new List<Agents>();

// 所有方塊的串列
public List<Blocks> ListOfBlocks = new List<Blocks>();
```

10. 最後我們會建立一個 SimpleMultiAgentGroup，我們將使用它來對代理人進行分組，以便它們可以一起工作：

```
private SimpleMultiAgentGroup agentGroup;
```

稍後將詳細介紹 SimpleMultiAgentGroup。

11. 接下來，我們需要實作一個 Start() 方法，當模擬即將開始時，我們將使用它來設定所有內容：

```
void Start() {

}
```

12. 在 Start() 中，我們將完成所有必要的零碎工作以確保一切都準備就緒：

- 取得地面邊界的控制代碼。

- 遍歷 Blocks 串列（場景中的所有方塊）並儲存它們的起始位置和旋轉以及它們的 Rigidbody。

- 初始化一個新的 SimpleMultiAgentGroup。

- 遍歷 Agents（場景中的所有代理人）並儲存它們的起始位置和旋轉以及它們的 Rigidbody，然後在我們建立的 SimpleMultiAgentGroup 上呼叫 RegisterAgent()，以通知它有關我們想要一起合作的每個代理人的存在。

- 呼叫 ResetScene()，我們稍後會編寫它。

13. 在 Start() 中，添加以下程式碼來執行上述所有操作：

```
areaBounds = ground.GetComponent<Collider>().bounds;

foreach (var item in ListOfBlocks) {
    item.StartingPosition = item.BlockTransform.transform.position;
    item.StartingRotation = item.BlockTransform.rotation;
    item.RigidBody = item.BlockTransform.GetComponent<Rigidbody>();
}
```

```
agentGroup = new SimpleMultiAgentGroup();

foreach (var item in ListOfAgents) {
    item.StartingPosition = item.Agent.transform.position;
    item.StartingRotation = item.Agent.transform.rotation;
    item.RigidBody = item.Agent.GetComponent<Rigidbody>();
    agentGroup.RegisterAgent(item.Agent);
}

ResetScene();
```

14. 接下來，我們將實作 FixedUpdate()，它會被 Unity 定期地呼叫：

```
void FixedUpdate() {
    resetTimer += 1;
    if(resetTimer >= MaxEnvironmentSteps && MaxEnvironmentSteps > 0) {
        agentGroup.GroupEpisodeInterrupted();
        ResetScene();
    }

    agentGroup.AddGroupReward(-0.5f / MaxEnvironmentSteps);
}
```

在這裡，我們每次都會將重設計時器（reset timer）遞增 1，並檢查重設計時器是否大於或等於最大環境步數（並且最大環境步數大於 0），如果是的話，則透過在代理人群組上呼叫 GroupEpisodeInterrupted() 並呼叫 ResetScene() 的方式來中斷代理人群組。

如果沒有達到最大環境步數，我們所要做的就是在代理人群組上呼叫 AddGroupReward()，透過指派 -0.5 除以最大環境步數的群組懲罰來懲罰它的存在。希望這將有助於確保代理人能夠儘快完成任務。

SimpleMultiAgentGroup 會協調一組代理人，並允許代理人一起工作來最大化給予整個群組的獎勵。情節的一般獎勵和結束是發生在 SimpleMultiAgentGroup 上，而不是在單一代理人上。

 SimpleMultiAgentGroup 是 Unity ML-Agent 實作 MA-POCA 的一個功能，因此它也只在您使用 MA-POCA 來訓練代理人時才會有效。

15. 現在要建立一個相當大的 GetRandomSpawnPos() 方法，我們將根據需要使用它來隨機定位環境中的方塊和代理人：

```
public Vector3 GetRandomSpawnPos()
    {
        Bounds floorBounds = ground.GetComponent<Collider>().bounds;
        Bounds goalBounds = goal.GetComponent<Collider>().bounds;

        // 將我們最終傳回的點儲存在地板上
        Vector3 pointOnFloor;

        // 啟動一個計時器以讓我們可以
        // 知道我們是否花了太長的時間
        var watchdogTimer = System.Diagnostics.Stopwatch.StartNew();

        do
        {
            if (watchdogTimer.ElapsedMilliseconds > 30)
            {
                // 這裡花了太多的時間；丟出一個例外以退出，
                // 避免進入會讓 Unity 當掉的無限迴圈！
                throw new System.TimeoutException
                    ("Took too long to find a point on the floor!");
            }

            // 選擇一個位於地板頂面某處的點
            pointOnFloor = new Vector3(
                Random.Range(floorBounds.min.x, floorBounds.max.x),
                floorBounds.max.y,
                Random.Range(floorBounds.min.z, floorBounds.max.z)
            );

            // 如果此點在目標範圍內進行重試
        } while (goalBounds.Contains(pointOnFloor));

        // 全部完成了，傳回值！
        return pointOnFloor;
    }
```

16. 接下來，我們將建立一個 ResetBlock() 方法，它採用 Blocks 型別（我們之前建立的）並給它一個隨機產生的位置（使用剛才編寫的那個方便的 GetRandomSpawnPos() 方法）並將速度和角速度歸零：

```
void ResetBlock(Blocks block) {
    block.BlockTransform.position = GetRandomSpawnPos();

    block.RigidBody.velocity = Vector3.zero;

    block.RigidBody.angularVelocity = Vector3.zero;
}
```

17. 現在我們需要一個方法來記錄一個代理人或一組代理人成功向目標傳遞方塊的時間：

```
public void Scored(Collider collider, float score) {
    blocksLeft--;

    // 檢查是否完成了
    bool done = blocksLeft == 0;

    collider.gameObject.SetActive(false);

    agentGroup.AddGroupReward(score);

    if (done) {
        // 重設所有東西
        agentGroup.EndGroupEpisode();
        ResetScene();
    }
}
```

這可能看起來有點神秘，但其實這裡發生的只是我們的 Scored() 方法接受了一個 Collider 和一個 float（代表一個分數），並且因為這個方法只有在一個方塊確實被傳遞到目標時才會被呼叫，所以：

- 將剩餘方塊的計數減 1

- 檢查是否還有 0 個方塊，如果是的話，則將名為 done 的 bool 變數設定為 true

- 停用屬於傳入的 Collider 的遊戲物件（換句話說，它會擺脫被推入目標的方塊）

- 根據傳入的分數向 SimpleMultiAgentGroup 添加獎勵

- 檢查 done 這個 bool 變數是否為 true，如果是的話，則在 SimpleMultiAgentGroup 上呼叫 EndGroupEpisode()，然後呼叫 ResetScene()

18. 接下來，我們將建立一個快速輔助方法來傳回隨機的旋轉：

```
Quaternion GetRandomRot() {
    return Quaternion.Euler(0, Random.Range(0.0f, 360.0f), 0);
}
```

19. 對於環境腳本，我們將編寫經常被呼叫的 ResetScene()：

```
public void ResetScene() {
    resetTimer = 0;

    var rotation = Random.Range(0,4);
    var rotationAngle = rotation * 90f;
    area.transform.Rotate(new Vector3(0f, rotationAngle, 0f));

    // 首先重設所有代理人
    foreach (var item in ListOfAgents) {
        var pos = GetRandomSpawnPos();
        var rot = GetRandomRot();

        item.Agent.transform.SetPositionAndRotation(pos,rot);
        item.RigidBody.velocity = Vector3.zero;
        item.RigidBody.angularVelocity = Vector3.zero;
    }

    // 接著，重設所有方塊
    foreach (var item in ListOfBlocks) {
        var pos = GetRandomSpawnPos();
        var rot = GetRandomRot();

        item.BlockTransform.transform.SetPositionAndRotation(pos,rot);
        item.RigidBody.velocity = Vector3.zero;
        item.RigidBody.angularVelocity = Vector3.zero;
        item.BlockTransform.gameObject.SetActive(true);
    }

    blocksLeft = ListOfBlocks.Count;
}
```

這個函數：

- 將 resetTimer 設定回 0。

- 然後旋轉整個區域，因此目標並不總是在同一側。

- 遍歷 ListOfAgents 中所有的 Agent，使用我們的輔助方法為它們提供隨機位置和隨機旋轉，並將它們的速度和角速度歸零。

- 遍歷 ListOfBlocks 中的所有 Block，使用我們的輔助方法為它們提供隨機位置和隨機旋轉、將它們的速度和角速度歸零、並將它們設定為活動狀態。

 我們將每個方塊設定為活動的，因為它們可能在重設後從非活動狀態恢復為活動狀態，因為模擬可能已經在執行，並且一些方塊可能已被推入目標（根據早期的程式碼，這意味著它們會被設定為非活動狀態）。

環境管理器腳本就是這樣。儲存並返回 Unity。

對方塊編寫程式碼

我們需要編寫的最後一點程式碼是針對方塊本身：

1. 在 Project 窗格中建立一個新的 C# 腳本資產，並將其命名為「GoalScore」或類似名稱。

2. 在程式碼編輯器中開啟腳本並刪除樣板程式碼。

3. 添加以下的匯入：
   ```
   using System.Collections;
   using System.Collections.Generic;
   using UnityEngine;
   using UnityEngine.Events;
   ```

4. 實作一個名為 GoalScore 的類別，它是 Unity 預設的 MonoBehaviour 的子類別：
   ```
   public class GoalScore : MonoBehaviour
   {

   }
   ```

5. 在裡面，添加一些成員變數來儲存我們要偵測的特定 Unity 標籤、將特定方塊推入目標時這個腳本將附加的值、以及方塊的 Collider：
   ```
   public string tagToDetect = "goal"; // 要偵測的對撞機標籤

   public float GoalValue = 1;

   private Collider blockCollider;
   ```

6. 接下來，在 GoalScore 類別中實作類別 TriggerEvent，如下所示：
   ```
   [System.Serializable]
   public class TriggerEvent : UnityEvent<Collider, float>
   ```

```
{
}
```

這個類別是我們使用 Unity 事件系統所必需的。稍後再詳細介紹。

7. 在 TriggerEvent 類別之後，但仍在 GoalScore 類別中，添加以下觸發回呼（callback）：

```
[Header("Trigger Callbacks")]
public TriggerEvent onTriggerEnterEvent = new TriggerEvent();
public TriggerEvent onTriggerStayEvent = new TriggerEvent();
public TriggerEvent onTriggerExitEvent = new TriggerEvent();
```

這些代表了某樣東西進入討論中的物件的對撞機、停留在其中、還有退出它的事件。

8. 現在，建立被每個回呼所呼叫的函數：

```
private void OnTriggerEnter(Collider col)
{
    if (col.CompareTag(tagToDetect))
    {
        onTriggerEnterEvent.Invoke(blockCollider, GoalValue);
    }
}

private void OnTriggerStay(Collider col)
{
    if (col.CompareTag(tagToDetect))
    {
        onTriggerStayEvent.Invoke(blockCollider, GoalValue);
    }
}


private void OnTriggerExit(Collider col)
{
    if (col.CompareTag(tagToDetect))
    {
        onTriggerExitEvent.Invoke(blockCollider, GoalValue);
    }
}
```

這些中的每一個都映射到我們建立的觸發回呼之一，它會接受一個 Collider，而且如果這個 Collider 具有我們想要查找的標籤（在我們之前建立的成員變數之一中定義），我們會觸發回呼事件，並傳遞 Collider 和 GoalValue（這是剛才建立的成員變數之一）。

儲存腳本，然後跳回 Unity。

完成環境和代理人

我們已經製作了三個腳本，現在我們需要將它們連接起來。

首先執行以下操作：

1. 將 Agent 腳本從 Project 窗格拖曳到 Hierarchy 中的每個代理人上（共有三個代理人）。

2. 將 Environment 腳本從 Project 窗格拖曳到 Hierarchy 中的環境（父物件）上。

3. 將 GoalScore 腳本從 Project 窗格拖到 Hierarchy 中的每個方塊上（共有六個方塊）。

接下來，我們需要配置所有內容。我們將從代理人開始。對 Hierarchy 中的每個代理人執行以下操作：

1. 選擇代理人，並使用 Inspector 來添加一個 Behavior Parameters 組件。

2. 配置 Behavior Parameters 組件，如圖 9-12 所示。

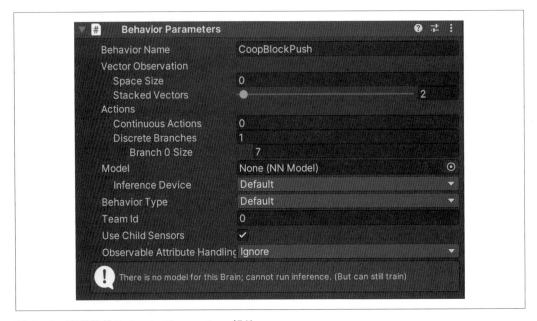

圖 9-12　配置後的 Behavior Parameters 組件

3. 使用 Inspector 將 Decision Requester 組件添加到代理人，將其設定保留為預設值。

4. 使用 Inspector 將 Rigidbody Sensor 組件添加到代理人，注意要將 root body 指派到代理人的 Rigidbody 組件，還有將 virtual root 指派到代理人本身，勾選如圖 9-13 所示的框。

圖 9-13　Rigidbody Sensor 組件

5. 接下來，在 Hierarchy 中向代理人添加一個空的子物件，並將其命名為「Grid Sensor」或類似名稱。

6. 在 Hierarchy 中選擇代理人的 Grid Sensor 子代，並使用其 Inspector 中的 Add Component 按鈕來添加一個 Grid Sensor 組件。

7. 使用 Inspector 來配置 Grid Sensor 組件，如圖 9-14 所示。

圖 9-14　配置後的 Grid Sensor 組件

Grid Sensor 組件會建立一個網格感測器。網格感測器是一種非常靈活的感測器,可以在代理人周圍建立網格形狀,並且根據它設定要查找的物件類型(由標籤定義),它可以用二維俯瞰視角來偵測在代理人週圍的特定單元格中是否存在著物件。圖 9-15 顯示了附加到被選定代理人的網格感測器範例。

電玩遊戲開發工作室 Eidos 為 Unity ML-Agents 專案（*https://oreil.ly/ryu3F*）貢獻了 Grid Sensor 組件。網格感測器結合了從光線投射中淬取資料的通用性和卷積神經網路（convolutional neural networks, CNNs —— 處理影像的神經網路）的計算效率。網格感測器透過查詢物理屬性，然後將資料構造成「高度 × 寬度 × 頻道」矩陣來從您的模擬中收集資料。這個矩陣在很多方面都類似於影像，並且可以輸入到 CNN 中。另一個好處是網格可以具有比實際影像更低的解析度，這可以縮短訓練時間。

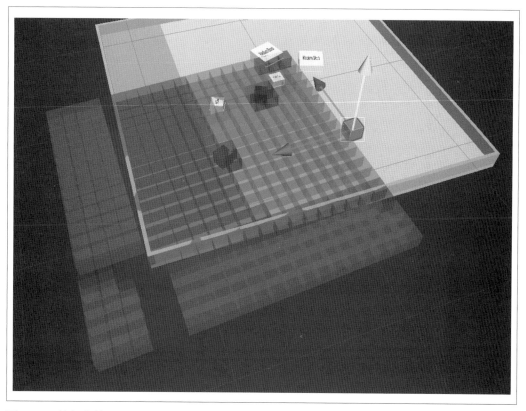

圖 9-15　執行中的 Grid Sensor 組件

接下來,對 Hierarchy 中的每個方塊執行以下操作:

1. 選擇方塊,並使用 Inspector 來設定 Goal Score 組件(我們剛才編寫並拖曳到它的腳本)以偵測帶有「goal」標籤的事物。

2. 設定合適的目標值:1 為小方塊,2 為中方塊,3 為大方塊。

3. 接下來,單擊 Trigger Callbacks 區段下方的 + 按鈕,並將下拉選單設定為 Runtime Only,如圖 9-16 所示。

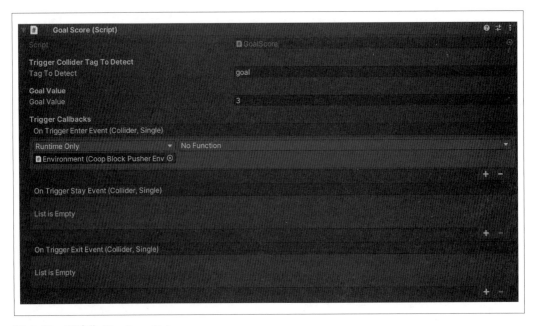

圖 9-16　設定為 Runtime Only

4. 將 Hierarchy 中的 Environment 物件拖曳到下拉選單下方包含 Runtime Only 的欄位中,然後設定右邊的下拉選單來指向我們之前建立的環境腳本中的 Scored() 方法,如圖 9-17 所示。

圖 9-17　選擇 Scored() 方法

接下來，對環境父物件執行以下操作：

1. 在 Hierarchy 中選擇環境父物件。

2. 在它的 Inspector 中，在 Environment 組件下（屬於我們編寫並拖曳到它的腳本），將 Max Environment Steps 設定為 5000。

3. 然後將地板、環境父物件、和目標，拖曳到相對應的欄位中，如圖 9-18 所示。

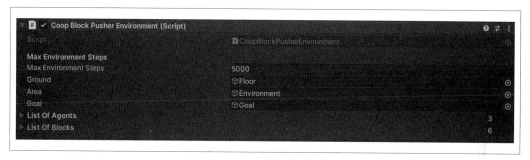

圖 9-18　配置環境

4. 將組件中顯示的 List of Agents 更新為 3 個，並將三個代理人中的每一個拖入，如圖 9-19 所示。

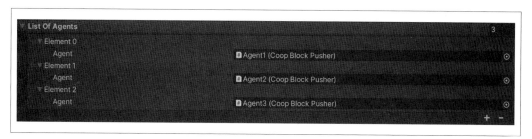

圖 9-19　代理人串列

5. 更新組件中的 List of Blocks 為 6 個，並拖入這六個方塊中的每一個，如圖 9-20 所示。

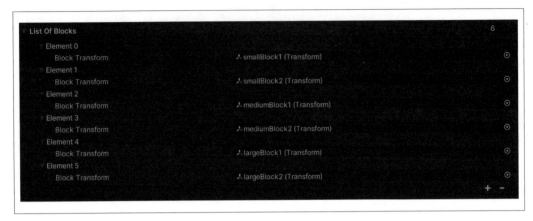

圖 9-20　方塊串列

就這樣！儲存場景。

為合作而訓練

幾乎是時候來訓練我們的合作環境了。像往常一樣，首先需要建立一個 YAML 檔案：

```
behaviors:
  CoopBlockPush:
    trainer_type: poca
    hyperparameters:
      batch_size: 1024
      buffer_size: 10240
      learning_rate: 0.0003
      beta: 0.01
      epsilon: 0.2
      lambd: 0.95
      num_epoch: 3
      learning_rate_schedule: constant
    network_settings:
      normalize: false
      hidden_units: 256
      num_layers: 2
      vis_encode_type: simple
    reward_signals:
```

```
      extrinsic:
         gamma: 0.99
         strength: 1.0
   keep_checkpoints: 5
   max_steps: 15000000
   time_horizon: 64
   summary_freq: 60000
```

現在，把它儲存在某個地方！要執行訓練，請啟動終端機並執行以下命令：

```
mlagents-learn CoopBlockPush.yaml --run-id=BlockCoop1
```

就是這樣。您的訓練可能需要幾個小時 —— 在我們用來測試的 MacBook Pro 上，大約需要 18 小時才能得到某個結果。

抓取產生的 .onnx 檔案，將其拖入 Unity 中的 Project 窗格中，然後把它指派給所有代理人中的相對應欄位，如圖 9-21 所示，然後執行您的模擬來觀察您的代理人小伙伴們在一起推動方塊。

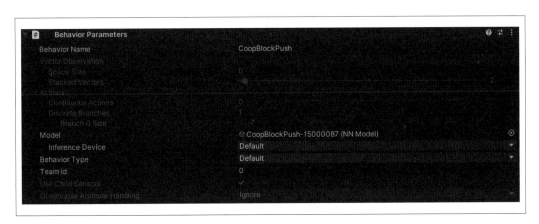

圖 9-21　模型被附加到代理人

合作的代理人或一個大代理人

當您可能想要採用合作的多代理人方法時，有時很難概念化，在這個方法中的每個代理人都是真正獨立的，但是它們會透過在本章中討論的系統來得到獎勵和指導，而不是讓單一代理人在模擬中表現為各種各樣的實體。

換句話說，您可以藉由在這個世界上製作一個具有三個立方體實體的單一「巨型」代理人來複製您在此處所建構的模擬行為，每個實體都可以獨立移動。

製作分別的代理人通常更容易，因為每個代理人將有一個更簡單的模型，這將導致更可靠的訓練，並且您將更快地收斂到一個解決方案。儲存在模型中的每個代理人的神經網路將比理論上的巨型代理人小得多，而且行為將更可預測，並且可能更可靠。但是，沒錯，您還是可以做一個巨大的代理人。

一個與其他代理人「合作」的代理人和一個單獨的代理人沒有什麼不同，因為不同代理人的大腦之間無法進行通信（它們不能共享意圖，關於其他代理人狀態的資訊只能來自對它們的外部觀察）。模擬中存在的其他代理人只是充當該代理人必須考慮和觀察的環境的另一部分 —— 儘管可能是一個混亂的環境。

一組合法的個別但合作進行學習的代理人（而不是一個巨大代理人的四肢）的問題空間比一個試圖要處理在其控制下的實體之間可能發生的指數級互動的代理人要小得多。因此，如果需要的話，通常最好建立一個合作的代理人集合。

如果您想更詳細地探索合作代理人，請查看 Unity 出色的 Dodgeball 環境（*https://oreil.ly/BETZi*）。

第 10 章

在模擬中使用相機

是時候獲得一些真正的視覺了。我們不是指閃亮的機器人，指的是相機（和燈光，還有動作）。在本章中，我們將研究如何使用相機來觀看模擬的世界並將其作為代理人的觀察值。

您的觀察值將不再受到提供給代理人的來自程式碼和感測器的數字約束！相反的，您將受到您選擇設置的相機可以看到的內容約束。（如果從技術上講，這也是數字，但我們離題了。）

觀察值和相機感測器

到目前為止，我們一直在使用的所有觀察值基本上都是數字（通常是 Vector3）我們一直透過 CollectObservations 方法來提供給代理人，或者透過使用某種感測器來收集它、查看我們的環境以測量事物、或者使用基於網格的觀察值來對事物進行 2D 空間表達。

我們要不然就在我們的 Agent 中實作 CollectObservations() 並傳入了向量和其他形式的數字，要不然就是在 Unity Editor 中為代理人添加了組件，這些組件在後台建立了光線投射（raycast）（可以測量距離和擊中東西的完美雷射光）並自動將由此產生的數字傳遞到 ML-Agents 系統中。

還有另一種方法可以向我們的代理人提供觀察值：使用 CameraSensor 和 RenderTextureSensor。它們允許我們以 3D 張量（Tensor）的形式將影像資訊傳遞給代理人政策的卷積神經網路（convolutional neural network, CNN）。所以，基本上，這就是更多的數字。但從我們的角度來看，這是一張圖片。

卷積神經網路（*https://oreil.ly/kPfSW*）通常被用來當作是一個術語，以描述被用來處理影像的任何形式的神經網路。

使用影像作為觀察值允許代理人從其接收到的影像中學習空間規律，以形成政策。

您可以把視覺觀察值與您已經在使用的向量觀察值結合起來。我們稍後再來討論。

從廣義上講，將 CameraSensor 添加到您的代理人非常簡單，並且與 Unity 中的許多事情一樣，它涉及在 Inspector 中添加一個組件。

我們將暫時在本章中完成一個完整的範例，但典型的步驟如下：

1. 在 Unity Editor 中，在 Hierarchy 中找到您的代理人並選擇它。

2. 在代理人的 Inspector 中，使用 Add Component 按鈕來添加一個 Camera Sensor 組件。

3. 在添加的 Camera Sensor 組件中，將相機（來自 Hierarchy 中的任何相機）指派給 Camera 欄位。

4. 您還可以對相機感測器進行命名，並指定寬度和高度、以及您是否希望神經網路正在使用的影像要是灰階（grayscale）的。

每個感測器組件（無論是相機還是其他）都必須具有唯一的感測器名稱，並且要依據每個代理人來命名。

我們將很快回到相機感測器，並討論如何將相機連接到它。

當很難使用向量以數字方式表達您希望代理人使用的狀態時，視覺觀察值會很有用，但它們會使您的代理人訓練速度變慢。

建構只有相機的代理人

為了示範相機感測器的使用，本章的活動是建立一個非常簡單的模擬，該模擬將只依賴於相機來得到觀察值。

我們要建構的模擬是一個立方體代理人（沒有人，親愛的讀者，會對它存在於虛空中感到驚訝），它必須讓一個球體（也稱為球，但不是代理人球）在它的頂部並維持平衡。

正如您已經做過好多次的那樣，首先要建立一個新的空 Unity 專案並匯入 ML-Agents 套件。然後，在新場景中，執行以下操作：

1. 在 Hierarchy 中建立一個新立方體，並將其命名為「Agent」。

2. 在 Hierarchy 中建立一個新球體，並將其命名為「Ball」。

3. 將代理人立方體的縮放比例設置為 (5, 5, 5)。

4. 將球體移到代理人上方，如圖 10-1 所示。大概的位置就可以了；您只需要將球漂浮在立方體上方的空間中即可。

圖 10-1　立方體上方的球

5. 接下來，在 Hierarchy 中建立一個新的空物件，將其命名為「Balancing Ball」，並將代理人和它下面的球作為子項來拖曳。這代表了整個模擬環境。

目前就這樣。我們保證會用它來達到一些進展。

為只有相機的代理人編寫程式碼

現在我們將編寫用來驅動我們的簡單代理人的程式碼。要編寫程式碼，像往常一樣在代理人上建立一個新的腳本資產來作為組件。我們將其命名為「BalancingBallAgent」。在 Project 視圖中雙擊程式碼的新資產檔案以在程式碼編輯器中開啟它。

在程式碼編輯器中開啟檔案後，請按照下列步驟操作：

1. 添加以下匯入，以便獲得所需的所有 Unity 元件：

```
using UnityEngine;
using Unity.MLAgents;
using Unity.MLAgents.Actuators;
using Unity.MLAgents.Sensors;
using Random = UnityEngine.Random;
```

我們顯然需要來自 ML-Agents 的一堆東西，但我們還需要 Unity 的亂數系統，以便我們可以產生亂數。

2. 接下來，刪除提供給您的整個類別，並將其替換為：

```
public class BalancingBallAgent : Agent
{

}
```

請注意，您需要確保類別名稱和您建立的資產檔案相同。很自然的，它會繼承 Agent。

3. 添加一些成員變數，一個用來儲存對作為球的 GameObject 的參照，另一個用來儲存這顆球的 Rigidbody：

```
public GameObject ball;
Rigidbody ball_rigidbody;
```

4. 接下來，重寫 Initialize() 方法，此方法來自 Agent，在首次啟用代理人時會呼叫一次：

```
public override void Initialize()
{
    ball_rigidbody = ball.GetComponent<Rigidbody>();
}
```

在 Initialize() 中，我們獲得了球的 Rigidbody 的控制代碼，如果需要的話，可以進行其他設定（但我們現在不需要）。

5. 覆寫同樣來自 Agent 的 Heuristic() 方法，讓我們可以手動控制代理人：

```
public override void Heuristic(in ActionBuffers actionsOut)
{
    var continuousActionsOut = actionsOut.ContinuousActions;
    continuousActionsOut[0] = -Input.GetAxis("Horizontal");
    continuousActionsOut[1] = Input.GetAxis("Vertical");
}
```

像往常一樣，Heuristic() 允許代理人使用客製化的啟發式方法來選擇一個動作。這意味著您可以提供某種不同於任何機器學習的客製化決策邏輯。最常見的是，這用來提供對代理人的手動控制，這也就是我們在這裡所要做的。不過，我們將使用它來測試代理人，而不是訓練它（這次我們不做 IL 或 GAIL）。

如果您一直按順序閱讀本書，那麼您現在應該對我們的程式碼非常熟悉，但本質上是：

- 獲取傳遞給方法的 ActionBuffers 的連續組件。
- 獲取連續動作陣列中的第一個條目，並將水平輸入的負值指派給它。
- 獲取連續動作陣列中的第二個條目，並將垂直輸入的值指派給它。

 有關 Unity 輸入管理器的資訊，請查看 Unity 說明文件（*https://oreil.ly/WOjxC*）。

6. 接下來，我們將實作同樣來自 Agent 的 OnEpisodeBegin() 函數：

```
public override void OnEpisodeBegin()
{
    gameObject.transform.rotation = new Quaternion(0f, 0f, 0f, 0f);
    gameObject.transform.Rotate
        (new Vector3(1, 0, 0), Random.Range(-10f, 10f));
    gameObject.transform.Rotate
        (new Vector3(0, 0, 1), Random.Range(-10f, 10f));
    ball_rigidbody.velocity = new Vector3(0f, 0f, 0f);
    ball.transform.position = new Vector3
        (Random.Range(-1.5f, 1.5f), 4f, Random.Range(-1.5f, 1.5f))
        + gameObject.transform.position;
}
```

在這個函數中，我們需要做的就是在訓練開始時設定代理人和環境。對於我們的平衡球代理人而言，我們需要：

- 將代理人的旋轉設定為預設位置。

- 在 x 軸上隨機旋轉代理人，介於 -10 和 10 之間。

- 在 z 軸上隨機旋轉代理人，介於 -10 和 10 之間。

- 將球的 Rigidbody 速度設定為空。

- 將球本身隨機定位在 x 軸和 z 軸上 -1.5 和 1.5 之間的某個位置，以及 y 軸上 4 的位置（這應該大致是您之前放置它的高度），因此它始終處於代理人上方相同的高度，但在它上方的不同位置。

7. 最後對於程式碼，我們實作了 OnActionReceived()。我們將分段執行此操作，因為它包含相當多的程式碼。首先，我們將實作骨架：

```
public override void OnActionReceived(ActionBuffers actionBuffers)
{
    var action_z = 2f *
        Mathf.Clamp(actionBuffers.ContinuousActions[0], -1f, 1f);
    var action_x = 2f *
        Mathf.Clamp(actionBuffers.ContinuousActions[1], -1f, 1f);
}
```

此方法被呼叫來允許代理人執行某些動作。它是基於傳入的 ActionBuffers 的內容來執行的。

Agent 系統的 ActionBuffers 相關東西全都來自於我們之前匯入的 Unity.
MLAgents.Actuators 組件。

到目前為止，實作的程式碼為我們的代理人建立了一些儲存 z 軸和 x 軸動作的臨時變數。具體來說，我們使用了 Clamp，將 ActionBuffers 的連續動作組件的每個組件的內容傳入，並箝制在 -1 和 1 之間，然後我們將結果乘以 2 以放大一點效果。

 我們在這裡使用的 Clamp 函數，過去已經做過幾次，它會接受一個值（在本案例中是來自 ActionBuffers 陣列的某個東西），如果它是介於隨後的兩個值（在本案例中為 -1 和 1）之間則傳回該值。否則，如果初始值小於它，則傳回較小的值，如果初始值大於它，則傳回較大的值。

8. 接下來，在此初始程式碼下方但還是在 OnActionReceived() 中，添加：

```
if ((gameObject.transform.rotation.z < 0.25f && action_z > 0f) ||
    (gameObject.transform.rotation.z > -0.25f && action_z < 0f))
{
    gameObject.transform.Rotate(new Vector3(0, 0, 1), action_z);
}

if ((gameObject.transform.rotation.x < 0.25f && action_x > 0f) ||
    (gameObject.transform.rotation.x > -0.25f && action_x < 0f))
{
    gameObject.transform.Rotate(new Vector3(1, 0, 0), action_x);
}
```

這段程式碼檢查我們的代理人旋轉的 z 軸是否小於 0.25 並且傳入的 z 軸動作大於 0，或者我們的代理人旋轉的 z 軸是否大於 -0.25 並且傳入 z 軸動作小於 0。如果其中任何一個為真，它會呼叫 Rotate（*https://oreil.ly/VpVXb*），要求在 z 軸上旋轉我們稍早建立的 action_z 變數（其中包含了傳入的 z 軸動作）中所指定的量。

接著我們再次做同樣的事情，但這次針對 x 軸。

9. 接下來，仍然在同一個方法內，在您剛剛編寫的程式碼下方添加以下內容：

```
if ((ball.transform.position.y - gameObject.transform.position.y) < -2f ||
    Mathf.Abs
      (ball.transform.position.x - gameObject.transform.position.x) > 3f ||
    Mathf.Abs
      (ball.transform.position.z - gameObject.transform.position.z) > 3f)
{
    SetReward(-1f);
    EndEpisode();
}
else
{
    SetReward(0.1f);
}
```

此程式碼會檢查球在 y 軸上的位置和代理人在 y 軸上的位置之間的差異是否小於 -2，或者同樣地在 x 軸和 z 軸上，檢查其差異是否為大於 3。為什麼要做這些檢查？因為這些情況中的任何一個都可能表明球已經離開代理人的頂部並掉下來或做了其他奇怪的事情。這意味著模擬應該結束這一情節，並且代理人應該受到懲罰（在此案例中為 -1）。

否則，將提供 0.1 的小獎勵，因為球可能仍在代理人的頂面上，並且一切正常。

這就是所有的程式碼！在切換回 Unity Editor 之前不要忘記儲存。

為代理人添加新相機

接下來，我們需要為代理人添加一個額外的相機以用來作為其觀察值。我們將透過在 Unity Editor 中將物件添加到場景中的世界來做到這一點。預設情況下，相機不是由您來編寫程式碼的，而且是我們添加到 Unity 世界中的實體但卻看不到的東西。

相機確實有坐標（也就是它們有一個 transform），我們可以在 Unity Editor 中看到它們（這有助於我們定位它們，以及它們指向的位置），但是如果您有兩個相機在一個場景中互相看著，它們並不會「看到」對方。沒有任何實體存在。

要添加相機，請執行以下步驟：

1. 使用 Hierarchy，建立一個新相機作為 Balancing Ball 物件的子物件（Agent 和 Ball 的父物件），如圖 10-2 所示。

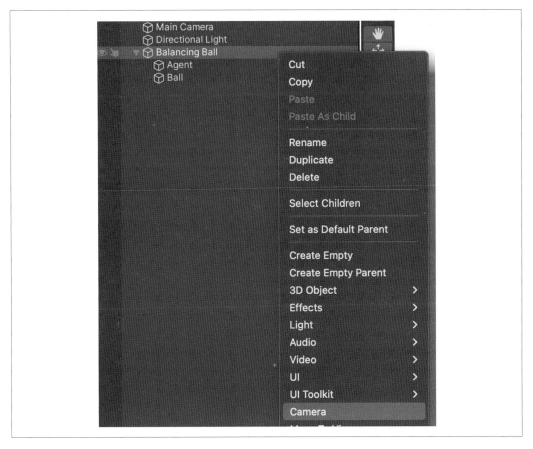

圖 10-2　添加新相機

2. 將新相機重新命名為合理的名稱，例如「Agent Camera」。

3. 放置新的代理人相機，讓它往下指向代理人和球，如圖 10-3 所示。

 場景中已經有一個相機了，因為每個場景都會有一個。請不要刪除那個相機。它就是您（人類）在模擬執行時用來查看模擬的那一個。

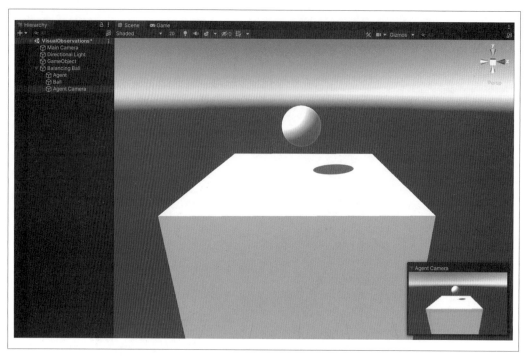

圖 10-3　對齊新的代理人相機

4. 在 Hierarchy 中選擇代理人，然後使用 Add Component 按鈕來添加一個 Camera Sensor 組件。

5. 現在，使用 Inspector 將新代理人相機指派給 Camera Sensor 組件中的 Camera 欄位，如圖 10-4 所示。

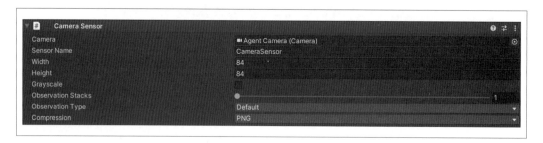

圖 10-4　指派相機

6. 將球物件從 Hierarchy 指派到代理人的 Inspector 中的 Ball 欄位，如圖 10-5 所示。

圖 10-5　在腳本中指派球

7.　使用 Add Component 按鈕來確保您已將 Decision Requester 和 Behavior Parameters 組件附加到代理人。

8.　請確保您的 Behavior Parameters 組件的 Vector Observations 的空間大小為 0（因為沒有）、Continuous Actions 的空間大小為 2。

9.　您還需要為行為命名。我們建議使用「BalancingBall」或類似的名稱。

這就是我們添加相機時所需要做的一切。在繼續之前請儲存您的場景。

查看代理人的相機所見

您可以透過多種方式來查看代理人的相機所看到的內容。第一種方式很明顯，而且您為了適當地定位相機可能已經這樣做了：

1.　在 Hierarchy 中選擇代理人的相機。

2.　Scene 視圖將在右下角顯示相機所見的預覽，如圖 10-6 所示。

圖 10-6　顯示代理人的相機所看到的內容

您還可以建立一個視圖，顯示特殊的代理人相機視圖，並將其顯示在 Game 視圖的頂部，如圖 10-7 所示。

圖 10-7　顯示了新相機視圖的特殊視圖

3. 要在 Unity Editor 的場景中建立此視圖，請在 Project 視圖中建立一個新的 Custom Render Texture 資產，如圖 10-8 所示。

圖 10-8　建立 Custom Render Texture 資產

4. 如圖 10-9 所示內容進行設定。預設值應該是正確的。

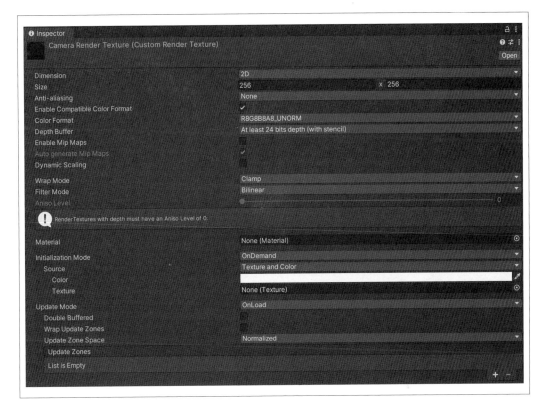

圖 10-9 新的渲染紋理資產

5. 將其命名為合理的名稱，例如「cameraRenderTexture」。

6. 在 Hierarchy 中選擇代理人的相機，在它的 Inspector 的 Target Texture 欄位中，將剛剛建立的渲染紋理資產指派給它，如圖 10-10 所示。

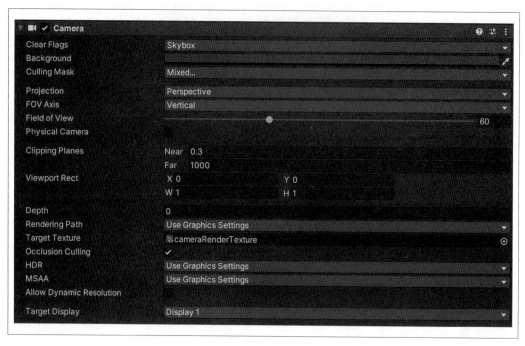

圖 10-10　指派給代理人的相機的渲染紋理資產

 渲染紋理是一個遊戲開發術語，通用於所有遊戲引擎，由引擎建立並在執行時期更新。因此，當您想要將場景中的相機視圖放到場景中顯示的物體上或場景頂部時，渲染紋理很有用。渲染紋理通常用於電玩遊戲中，例如，顯示遊戲內畫面的內容：畫面的視圖是渲染紋理，顯示了其他地方的相機（玩家視野之外）所看到的內容。請在 Unity 說明文件（*https://oreil.ly/HkqTA*）中了解更多有關渲染紋理的資訊。

7. 接下來，在 Hierarchy 中建立一個畫布，如圖 10-11 所示，將所有內容保留為預設值。

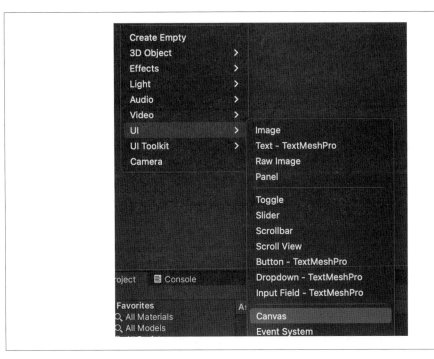

圖 10-11　在 Hierarchy 中建立畫布

畫布（canvas）（*https://oreil.ly/OtlT6*）是 Unity 提供用來進行螢幕渲染的物件；這意味著它通常用來顯示場景頂部的內容（螢幕對上場景），例如使用者介面。我們將把它用在一個基本的非交談式介面：顯示相機看到的內容。

1. 在 Hierarchy 中，添加一個空物件來作為 canvas 的子物件，將它命名為「Camera View」之類的名稱，如圖 10-12 所示

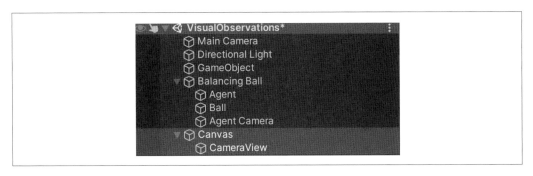

圖 10-12　Hierarchy 內容，顯示了新的畫布和相機視圖

2. 在這個新物件的 Inspector 中，使用 Add Component 按鈕並添加一個 Raw Image 組件。

3. 然後，將之前建立的 Render Texture 資產（來自 Project 視圖）指派給 Raw Image 組件的 Texture 欄位，如圖 10-13 所示。

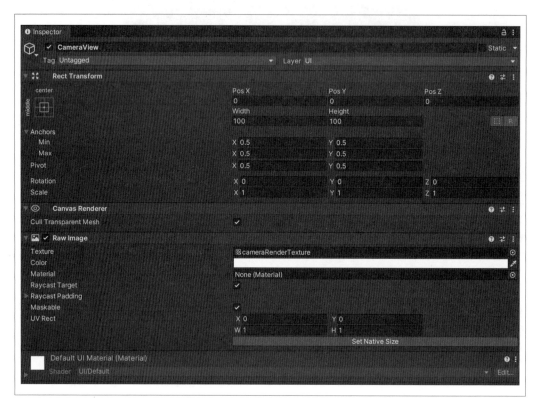

圖 10-13　將紋理指派給 Raw Image 組件

4. 現在，使用矩形工具（如圖 10-14 所示），在 Scene 視圖中調整 Raw Image 組件的大小並將其放在一個角落，如圖 10-15 所示。

圖 10-14　矩形工具

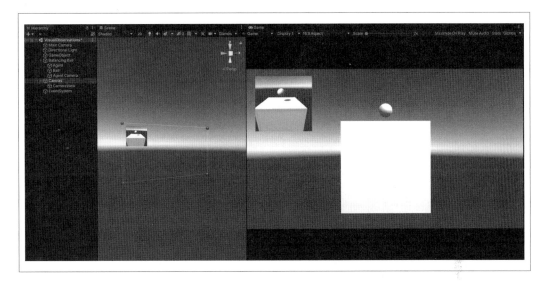

圖 10-15　將 Raw Image 組件放入角落

現在，當您執行模擬時，您會看到一般的主相機視圖，以及代理人相機的小視圖。您可以使用此技術將視圖添加到您所做的任何模擬中以供您自己使用。即使代理人不使用相機，您還是可以添加相機來捕捉不同的視角。

訓練基於相機的代理人

要訓練代理人，您需要一個用於超參數的 YAML 檔案，就像以往一樣（真是一個巨大的驚喜！您說是吧）。以下是我們推薦使用的，但請隨意嘗試：

```
behaviors:
  BalancingBall:
    trainer_type: ppo
    hyperparameters:
      batch_size: 64
      buffer_size: 12000
      learning_rate: 0.0003
      beta: 0.001
      epsilon: 0.2
      lambd: 0.99
      num_epoch: 3
      learning_rate_schedule: linear
    network_settings:
```

```
      normalize: true
      hidden_units: 128
      num_layers: 2
      vis_encode_type: simple
    reward_signals:
      extrinsic:
        gamma: 0.99
        strength: 1.0
    keep_checkpoints: 5
    max_steps: 500000
    time_horizon: 1000
    summary_freq: 12000
```

準備好 YAML 檔案後,透過在命令行上執行 mlagents-learn 來執行訓練:

```
mlagents-learn BalancingBall.yaml --run-id=Ball1
```

 像往常一樣,代理人的 Behavior Parameters 組件上的行為名稱需要與 YAML 檔案中的行為名稱匹配。

僅使用視覺觀察值來進行訓練將比使用向量觀察值來進行訓練花費更長的時間。我們使用前面的 YAML 檔案的訓練過程在最近的 MacBook Pro 上花費了大約兩個小時。

訓練完成後,使用已輸出的 *.onnx* 檔案來執行您的代理人,看看它是如何進行的。

 探索一下把視覺觀察值與向量和其他觀察值類型相結合。看看您是否可以將它們結合起來以產生可以更快被訓練的代理人。

相機和您

不斷地使用相機來看一切是非常誘人的。我們知道!它們令人興奮,給您的代理人虛擬的眼睛並讓它們自由地解決您可能需要它們解決的任何問題是有點神奇的。但這很少是最好的方法。

當您建構一個模擬來表達您可能在現實世界中建構的某個東西時,相機最明顯有用,並且是當這個東西實際上有相機時。如果您正在建構複雜的自動駕駛汽車、無人機、或拾放機器人的模擬,並且計劃使用您在真實世界版本中產生的部分或全部模型、並且它有相機,那麼在您的模擬中使用相機當然是有意義的。

只給代理人一個相機就和一個只有視覺的人差不多 —— 只接收關於我們環境的視覺資訊是一個非常複雜的命題。它和其他感官輸入進行配對或互補會更好。代理人通常具有執行某些動作的目標,但不一定會在實體上改變環境。代理人通常可以採取一些不會改變相機輸入的動作,這意味著它們可能不會得到任何回饋,因為環境沒有看的到的狀態變化。如果只有視覺觀察值進入,代理人需要讓它的動作對環境產生可衡量的影響(超出其獎勵),因為它需要知道由於它的動作而在環境中發生了某些事情。

如果您要建構的東西純粹是為了模擬生活,那麼您應該謹慎地使用相機。同時使用相機和向量觀察值來觀察模擬的相同元素是相對不尋常的,但在某些情境下它是有意義的:向量可能會為相機添加上下文,或者提供關於正在發生事情的額外環境資訊,但卻無法只用相機收集。

例如,如果您正在建構一個拾放機器人,並且它可以透過其相機看到例如有一袋義大利麵放在它面前,那麼還使用光線投射觀察值來偵測標記後的義大利麵並對其進行識別可能會很奇怪。只靠影像識別系統就可以識別一袋義大利麵,而來自光線投射的附加資訊充其量是多餘的,最壞的情況是成為對訓練過程的阻礙。

基本上,如果您在模擬引擎之外(在現實世界中)使用您的代理人,您應該盡可能地模仿它真正擁有的輸入,如果您正在做一些完全虛擬的事情,而且如果您想要一個電腦視覺模型作為結果的話,您可以給它一個相機。

您可以給任何代理人一個相機。但這並不意味著它會有用。任何沒有為代理人提供更多關於如何實作其目標的資訊的觀察值只會使情況變得混亂,從而使產生的神經網路更加複雜,並使訓練變得更慢、更困難。您應該始終盡可能少使用觀察值。

相機非常有趣,當您探索製作自己的模擬時,您絕對應該使用它們。但是當它開始工作時,您要小心不要使用太多,或者如果有更好的選擇時,請不要只使用相機。

第 11 章

使用 Python 來工作

在本章中,我們將探索以更積極的方式來將 Unity 的 ML-Agent 和 Python 一起使用的可能性。到目前為止,我們所做的一切都集中在 Unity 和(透過 ML-Agents)Python 的結合上,但我們採取了以 Unity 為中心的方法。

本章將介紹幾種可以 Python 為中心來做事的方法。具體來說,我們將了解如何使用 Python 來與 Unity 和 ML-Agent 進行互動。

Python 一路向下

我們在整本書中一直在使用 Python,但也使用了一個腳本來執行訓練並將它連接到 Unity。PyTorch 也被用於底層的訓練。不過除此之外,我們使用 Python 這件事其實並沒有多大關係。只是剛好是 Python 為我們正在執行的腳本提供支援。它可以是任何東西。

在本章中,我們將使用 Python 來進行更多的實驗,並了解透過將 Python 和 ML-Agent 組合所產生的功能,而超越所提供的腳本。當您執行 `mlagents-learn` 來訓練代理人時,我們將證明實際上您用的就是 Python,並稍微超越所提供的腳本。

我們在本章中將花費大部分時間透過 Python 來探討的環境稱為 GridWorld 環境。這是一個簡單的 3x3 網格,其中代理人是一個藍色方塊,需要觸摸綠色的 +,而不是紅色的 x。它使用了一個專門的視覺觀察值系統:一個指向網格的相機。

它的動作是五個離散的選項之一：

- 不動。

- 上移。

- 下移。

- 右移。

- 左移。

如果代理人碰觸到目標（綠色加號（＋）），則給予獎勵 1.0，如果碰觸到紅色的 x，則給予懲罰 -1.0。每一步都會有 -0.01 的存在性懲罰。

您可以在圖 11-1 中看到 GridWorld 的樣子。

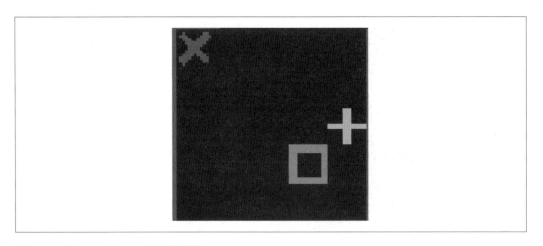

圖 11-1　GridWorld，一個數位邊疆

使用環境進行實驗

要使用 Python，您自然需要設定一個新的 Python 環境。這和我們在第 19 頁的「設定」小節中一直使用的 Python 環境幾乎完全相同，只是有一些小的差異。

要做好準備，您需要執行以下操作：

1. 按照第 19 頁的「設定」來設定新的 Python 環境。

2. 一旦按照這些規範進行配置後，再安裝一些額外的東西。首先，安裝 matplotlib：

    ```
    pip install matplotlib
    ```

    在探索 Python 和 ML-Agent 時，我們將使用 matplotlib 在螢幕上顯示一些影像。詳細討論 matplotlib 超出了本書的範圍，但是如果您搜尋 O'Reilly 的學習平台或 DuckDuckGo，您會發現很多資料。它還有一個網站（*https://matplotlib.org*）。

3. 接下來，安裝 Jupyter Lab：

    ```
    pip install jupyterlab
    ```

4. 啟動 Jupyter Lab：

    ```
    jupyterlab
    ```

    Jupyter Lab 是一個用於建立「筆記本（notebook）」的工具，它允許您用容易執行和編寫的形式來執行 Python。它通常用在科學計算，您可能已經透過 Jupyter Notebooks、IPython、或 Google 的品牌版本 Google Colab 來接觸過它了。

5. 執行後，建立一個空筆記本，如圖 11-2 所示。

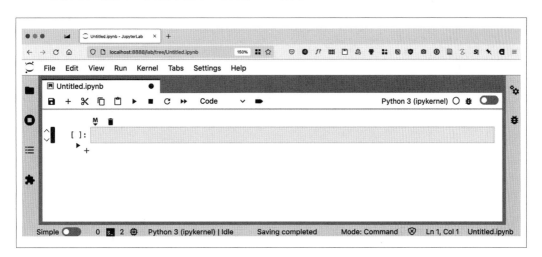

圖 11-2　空的 Jupyter 筆記本

就這樣。

接下來，將開始編寫程式碼，我們將在進行的過程中解釋發生了什麼事：

1. 現在，我們需要匯入 ML-Agents：

    ```
    import mlagents
    ```

    這會將基於 Python 的 ML-Agents 套件帶入我們的筆記本。

2. 接下來，要匯入 matplotlib.pyplot，這樣我們就可以顯示繪圖了：

    ```
    import matplotlib.pyplot as plot
    ```

3. 我們將告訴 matplotlib 我們希望它 inline 顯示：

    ```
    %matplotlib inline
    ```

    這會確保 matplotlib 將在筆記本中內聯（inline）顯示影像。

4. 現在我們向 ML-Agents 詢問它的預設註冊表（registry）：

    ```
    from mlagents_envs.registry import default_registry
    ```

    這提供了一個基於 ML-Agents 範例的預建構 Unity 環境資料庫（稱為「Unity 環境註冊表」（*https://oreil.ly/pDNML*））。這些環境可用於實驗 Python API，而無需將環境建構為二進位檔案，或同時執行 Unity。

5. 匯入預設註冊表後，可以快速查看一下我們得到了什麼：

    ```
    environment_names = list(default_registry.keys())
    for name in environment_names:
        print(name)
    ```

    如果此時執行筆記本（使用 Run 選單 → Run all cells），您將看到環境的列表，如圖 11-3 所示。

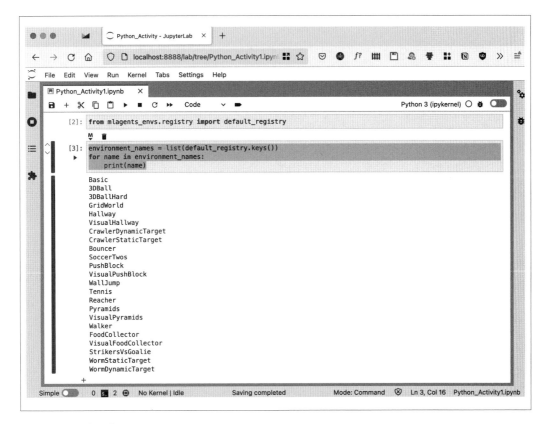

圖 11-3　環境列表

6. 接下來，我們將載入其中一個有提供的環境：

```
env = default_registry["GridWorld"].make()
```

這將從預設環境載入 GridWorld 環境。

7. 載入 GridWorld 環境後，我們要做的第一件事是要求行為：

```
behavior = list(env.behavior_specs)[0]    # 取得第一個行為
print(f"The behavior is named: {behavior}")
spec = env.behavior_specs[behavior]
```

這將獲取環境行為的控制代碼（對應於附加到環境中代理人的 Behavior Parameters 組件），並列印其名稱和團隊 ID（將會是 0，因為此環境不使用團隊）。

8. 接下來，我們將找出它有多少觀察值：

```
print("The number of observations is: ", len(spec.observation_specs))
```

9. 我們來看看它是否有任何視覺觀察值：

```
vis_obs = any(len(spec.shape) == 3 for spec in spec.observation_specs)
print("Visual observations: ", vis_obs)
```

10. 我們還將檢查有多少連續和離散動作：

```
if spec.action_spec.continuous_size > 0:
 print(f"There are {spec.action_spec.continuous_size} continuous actions")
if spec.action_spec.is_discrete():
 print(f"There are {spec.action_spec.discrete_size} discrete actions")
```

11. 我們將檢查離散分支上的選項：

```
if spec.action_spec.discrete_size > 0:
 for action, branch_size in enumerate(spec.action_spec.discrete_branches):
  print(f"Action number {action} has {branch_size} different options")
```

我們可以再次執行筆記本以獲取有關它的一些資訊。您應該看到類似於圖 11-4 的內容。

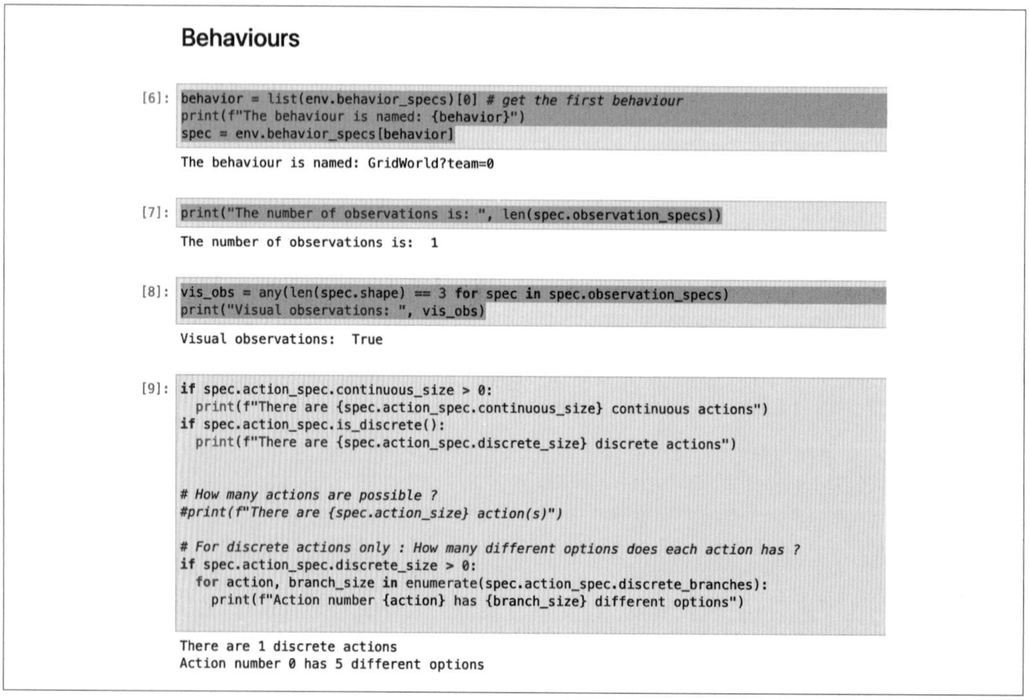

Behaviours

```
[6]: behavior = list(env.behavior_specs)[0] # get the first behaviour
     print(f"The behaviour is named: {behavior}")
     spec = env.behavior_specs[behavior]
```
The behaviour is named: GridWorld?team=0

```
[7]: print("The number of observations is: ", len(spec.observation_specs))
```
The number of observations is: 1

```
[8]: vis_obs = any(len(spec.shape) == 3 for spec in spec.observation_specs)
     print("Visual observations: ", vis_obs)
```
Visual observations: True

```
[9]: if spec.action_spec.continuous_size > 0:
         print(f"There are {spec.action_spec.continuous_size} continuous actions")
     if spec.action_spec.is_discrete():
       print(f"There are {spec.action_spec.discrete_size} discrete actions")

     # How many actions are possible ?
     #print(f"There are {spec.action_size} action(s)")

     # For discrete actions only : How many different options does each action has ?
     if spec.action_spec.discrete_size > 0:
       for action, branch_size in enumerate(spec.action_spec.discrete_branches):
         print(f"Action number {action} has {branch_size} different options")
```
There are 1 discrete actions
Action number 0 has 5 different options

圖 11-4 探索環境

接下來，我們將逐步了解環境：

1. 首先，我們儲存環境中的步數：

```
decision_steps, terminal_steps = env.get_steps(behavior)
```

2. 我們將為代理人的行為設定動作、傳入我們想要使用的行為、以及一個維度為 2 的張量（tensor）：

```
env.set_actions
    (behavior, spec.action_spec.empty_action(len(decision_steps)))
```

3. 然後，將模擬往前推進一步：

```
env.step()
```

4. 在模擬往前一步後，是時候看看它能看到什麼了。首先，我們將檢查任何視覺觀察值：

```
for index, obs_spec in enumerate(spec.observation_specs):
  if len(obs_spec.shape) == 3:
    print("Here is the first visual observation")
    plot.imshow(decision_steps.obs[index][0,:,:,:])
    plot.show()
```

這將從環境中的其中一個代理人獲取第一個視覺觀察值，並使用 matplotlib 來顯示它。

5. 接下來，我們將檢查任何的向量觀察值：

```
for index, obs_spec in enumerate(spec.observation_specs):
  if len(obs_spec.shape) == 1:
    print("First vector observations : ", decision_steps.obs[index][0,:])
```

6. 在此時執行筆記本應該會產生代理人第一個視覺觀察值的影像，如圖 11-5 所示。

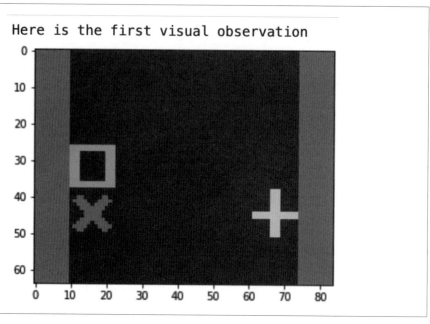

Here is the first visual observation

圖 11-5　第一個視覺觀察值

7. 現在我們將以三個情節來推進環境：

```
for episode in range(3):
  env.reset()
  decision_steps, terminal_steps = env.get_steps(behavior)
  tracked_agent = -1 # -1 指出還沒有追蹤
  done = False # 用於被追蹤的代理人
  episode_rewards = 0 # 用於被追蹤的代理人
  while not done:
    # 追蹤我們看到的第一個還未被追蹤的代理人
    # len(decision_steps) = [ 要求決定的代理人數 ]
    if tracked_agent == -1 and len(decision_steps) >= 1:
      tracked_agent = decision_steps.agent_id[0]

    # 為所有代理人產生動作
    action = spec.action_spec.random_action(len(decision_steps))

    # 設定動作
    env.set_actions(behavior, action)

    # 讓模擬向前推動
    env.step()
```

```
# 取得新的模擬結果
decision_steps, terminal_steps = env.get_steps(behavior)
if tracked_agent in decision_steps: # 代理人要求決策
    episode_rewards += decision_steps[tracked_agent].reward
if tracked_agent in terminal_steps: # 代理人結束情節
    episode_rewards += terminal_steps[tracked_agent].reward
    done = True
print(f"Total rewards for episode {episode} is {episode_rewards}")
```

8. 再次執行整個筆記本，您應該會看到一些熟悉的訓練資訊，如圖 11-6 所示。

```
Total rewards for episode 0 is -1.4899999890476465
Total rewards for episode 1 is 0.9400000013411045
Total rewards for episode 2 is 0.570000009611249
```

圖 11-6　在筆記本上訓練

9. 最後，關閉環境：

```
env.close()
```

可以用 Python 做什麼？

我們用的 mlagents Python 套件和用來驅動我們在模擬中訓練代理人的 mlagents-learn 腳本的套件相同。

> 這超出了本書的範圍，而且完全沒有必要探索整個 mlagents Python API。裡面有很多內容，我們只是在這裡用教程的形式來為您提供亮點。但如果您好奇的話，可以在線上找到所有 mlagents Python API 說明文件（*https://oreil.ly/7O0h3*）。

您可以使用 Python API 來控制 Unity 的模擬環境、和它進行互動並從中獲取資訊。這意味著您可以使用它來開發完全客製化的訓練和學習演算法，而不是依賴系統提供的演算法（透過 mlagents-learn 腳本來使用的）。

稍後，在第 12 章中，我們將研究如何將 Unity 建構的模擬環境連接到 OpenAI Gym。

使用您自己的環境

當然，您可以使用自己的環境，而不是註冊表中那些由 Unity 提供的範例。

在您使用自己的環境之前，您需要先建構它。我們將建構 Unity 的其中一個範例專案，也就是我們之前使用的 GridWorld 來作為範例：

1. 打開作為 ML-Agents GitHub 儲存庫一部分的 ML-Agents Unity 專案，如圖 11-7 所示。

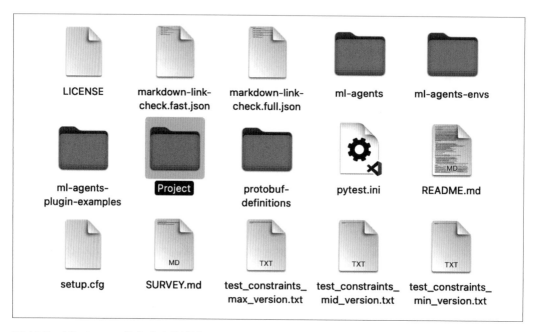

圖 11-7　ML-Agents 儲存庫中的專案

2. 進入專案後，從 Project 窗格中打開 GridWorld 場景，如圖 11-8 所示。

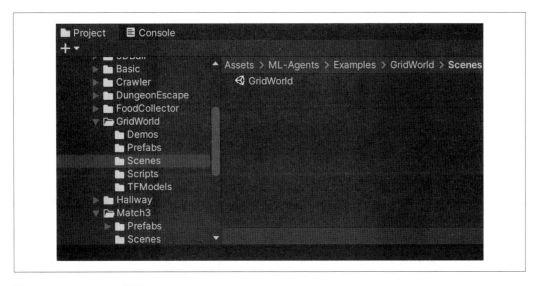

圖 11-8　GridWorld 場景

3.　為簡化操作，從 Hierarchy 視圖中選擇並刪除所有被編號的區域，如圖 11-9 所示。

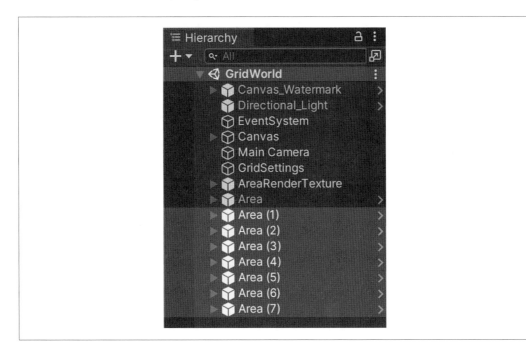

圖 11-9　您需要刪除的區域

這些是主要區域的副本,用在透過一次訓練多個代理人來加速訓練。因為我們將在 Python 中實驗這個環境,所以我們只需要一個區域。

4. 接下來,透過 Edit 選單 → Project Settings → Player 來打開 Player 設定。找到 Resolution and Presentation 區段,如圖 11-10 所示,然後核取 Run in Background。關閉 Player 設定。

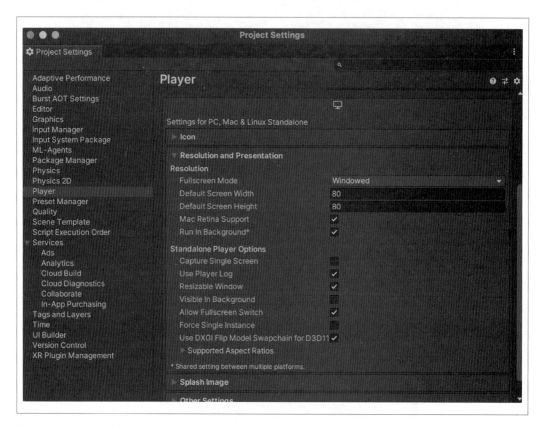

圖 11-10　Player 設定

5. 從 File → Build Settings 開啟 Build 設定，如圖 11-11 所示。選擇您要執行它的平台（我們的螢幕截圖是使用了 MacBook Pro 來獲得的），並確保 GridWorld 場景是列表中唯一被選中的場景。

 如果場景列表為空，則只會建構目前開啟的場景。這也很好。

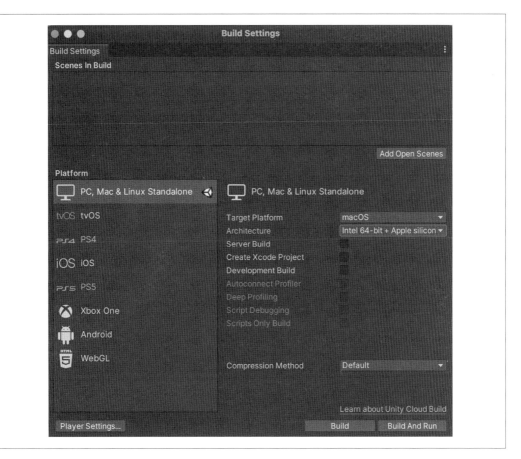

圖 11-11　Build 設定

6. 單擊 Build 按鈕，將產生的輸出儲存到您熟悉的路徑中，如圖 11-12 所示。

 在 macOS 上，儲存的輸出將是一個標準的 .app 檔案。在 Windows 上，輸出將是一個包含了可執行檔案的資料夾。

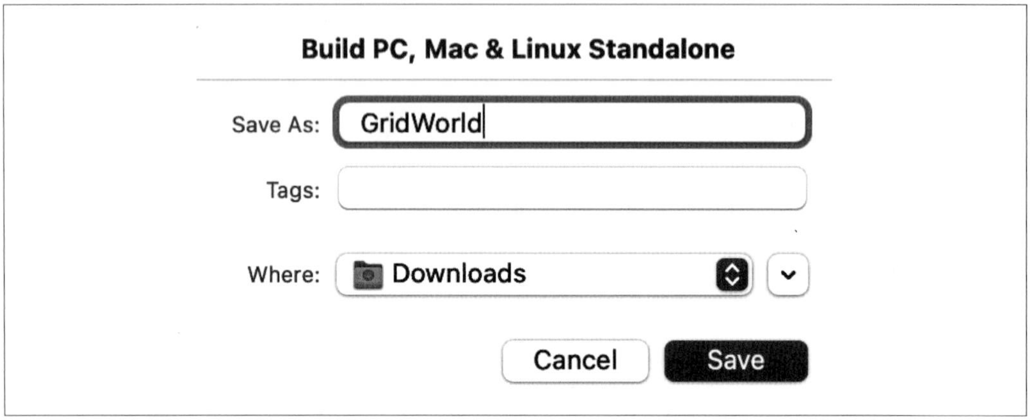

Build PC, Mac & Linux Standalone

Save As: [GridWorld]

Tags: [   ]

Where: [📁 Downloads] ⬍ ⌄

[Cancel] [**Save**]

圖 11-12　選擇建構的要放在哪裡

7. Unity 會建構環境，如圖 11-13 所示。

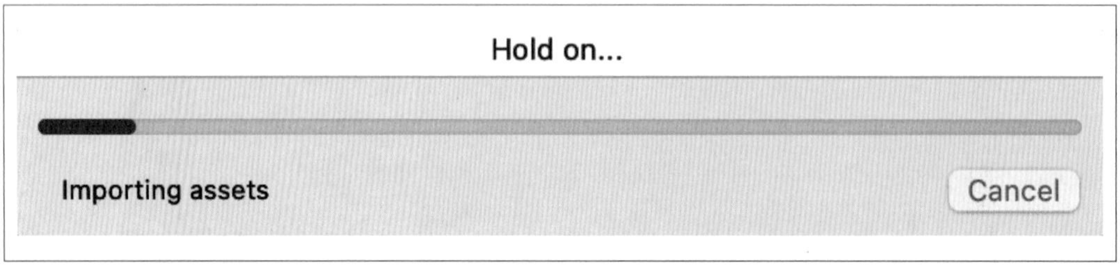

Hold on...

Importing assets [Cancel]

圖 11-13　建構進行中

完全客製化的訓練

因為 Python 套件實際上只是一個用來控制 Unity 模擬環境中發生的程序的 API，所以我們實際上可以使用它來替換 mlagents-learn 腳本所提供的訓練程序。在本節中，我們將快速瀏覽一個主要是根據 Unity 範例而來的範例。

在我們開始之前，您需要按照第 19 頁的「設定」小節來設定 Python 環境。完成此操作後，請確保 Jupyter Lab 正在執行，並且您已準備好繼續前進了。

在此範例中，我們將再次使用 Unity 的 GridWorld 範例環境，然而我們不會使用 Unity 中提供的訓練演算法對其進行訓練，而是使用 Q-learning 對其進行訓練。Q-learning 是一種無模型（model-free）強化學習演算法，目標是在學習特定狀態下動作的價值。

 Q-learning 的「無模型」層面是指 Q-learning 不需要環境模型的作法。一切都和狀態與動作有關，而不是對環境的具體理解。Unity ML-Agents 採用的標準演算法 PPO 也是無模型的。然而，探索 Q-learning 的細節（*https://oreil.ly/4UjqA*）超出了本書的範圍。

我們將透過提供一些程式碼來跳過這個程序，因為它的內容很多。在您為本書下載的資源中找到 PracticalSims_CustomTraining.ipynb 筆記本，並將其載入到 Jupyter Lab。

讓我們來看看這個筆記本中的程式碼做了些什麼：

- `import` 敘述會像往常一樣帶入 `mlagents`，以及 `torch`（PyTorch）、還有一些 Python `math` 和 `typing`（Python 的型別提示庫）以及 `numpy`。

- 之後，建立一個用來表達將要訓練的神經網路的類別：`VisualQNetwork`。這個類別定義了一個神經網路，它將接受一些影像作為輸入，並輸出一組數字作為輸出。

- 接下來，我們建立一個 `Experience` 類別，它用來儲存動作、觀察值、和獎勵的組合。將被儲存為 `Experience` 的體驗將用於訓練將要建立的神經網路。

- 現在，佔了筆記本的大部分的 `Trainer` 類別將從我們的 Unity 環境中獲取資料，並使用來自 `VisualQNetwork` 的政策來產生 `Experience` 物件的緩衝區。

透過所提供的設定，我們將一起編寫訓練迴圈。我們將像往常一樣一步一步地執行此操作，因為我們最好能了解正在發生的事情：

1. 首先，我們將確保所有的現有環境都會被關閉：

    ```
    try:
      env.close()
    except:
      pass
    ```

2. 然後我們將從 Unity 預設註冊表中獲取一個 GridWorld：

```
env = default_registry["GridWorld"].make()
```

3. 現在我們將建立一個剛才討論過的 VisualQNetwork 的實例（使用之前在筆記本中定義的類別）：

```
qnet = VisualQNetwork((64, 84, 3), 126, 5)
```

4. 我們將建立一個 Buffer（之前定義的，和 Experience 一起）來儲存經驗：

```
experiences: Buffer = []
```

5. 我們還將建立一個優化器，它只是一個標準的 Adam 優化器，直接來自 PyTorch：

```
optim = torch.optim.Adam(qnet.parameters(), lr= 0.001)
```

6. 我們將建立一個浮點數串列來儲存累積獎勵：

```
cumulative_rewards: List[float] = []
```

7. 接下來，定義一些環境變數，例如我們想要的訓練步驟數、每個訓練步驟想要收集的新經驗的數量、以及緩衝區的最大大小：

```
NUM_TRAINING_STEPS = int(os.getenv('QLEARNING_NUM_TRAINING_STEPS', 70))
NUM_NEW_EXP = int(os.getenv('QLEARNING_NUM_NEW_EXP', 1000))
BUFFER_SIZE = int(os.getenv('QLEARNING_BUFFER_SIZE', 10000))
```

8. 還有，幾乎最後（而且絕對不是最不重要的），我們將編寫訓練迴圈：

```
for n in range(NUM_TRAINING_STEPS):
  new_exp,_ =
    Trainer.generate_trajectories(env, qnet, NUM_NEW_EXP, epsilon=0.1)
  random.shuffle(experiences)
  if len(experiences) > BUFFER_SIZE:
    experiences = experiences[:BUFFER_SIZE]
  experiences.extend(new_exp)
  Trainer.update_q_net(qnet, optim, experiences, 5)
  _, rewards = Trainer.generate_trajectories(env, qnet, 100, epsilon=0)
  cumulative_rewards.append(rewards)
  print("Training step ", n+1, "\treward ", rewards)
```

我們的訓練迴圈迭代到我們定義的最大訓練步驟數、為每一步驟建立新體驗、將它儲存在緩衝區中、更新模型、更新獎勵、然後繼續。這是一個非常標準的訓練迴圈。

9. 最後，我們關閉環境，使用 matplotlib 來繪製一個漂亮的訓練圖：

```
env.close()
plt.plot(range(NUM_TRAINING_STEPS), cumulative_rewards)
```

有了上面這些，我們可以執行筆記本，並在它訓練時等待一下。

Python 的重點是什麼？

ML-Agents Toolkit 實際上是一種完全用 Python 來控制模擬的非常強大的方法。如果您不想的話，那麼根本不需要將它用在機器學習上。

但是，當然，您可以將它用在機器學習上。如果您想超越 mlagents-learn 命令允許您自動執行的運算（和定義了超參數的 YAML 檔案一起），ML-Agents 的 Python API 組件就非常有用。您可以建立一個完全客製化的訓練生產線，使用 PyTorch（或 TensorFlow，或您可以掌握的任何東西）的所有出色功能來訓練存在於 Unity 模擬中的實體，以超越 mlagents-learn 提供的演算法和場景的限制（PPO、GAIL 等）。

您還可以使用 Python API 在訓練和學習過程中添加額外的步驟，根據需要在引擎內的觀察值發生之前或之後注入對專業領域程式庫的呼叫。

第 12 章

打開引擎蓋並超越

在本章中,我們將討論在前幾章中使用的一些模擬方法。

我們已經介紹了要點:在基於模擬的代理人學習中,代理人經歷了一個訓練過程來為其行為制定政策(*policy*)。該政策充當了從先前的觀察值到它所採取的回應行動以及它因此獲得的相對應獎勵之間的映射。訓練發生在大量的情節中,在這些情節中,隨著代理人在給定任務上的改進,累積獎勵應該會增加,部分是由控制訓練期間代理人行為方面的超參數(*hyperparameter*)來決定 —— 包括用於產生行為模型的演算法。

訓練完成後,推理(*inference*)被用來查詢訓練後的代理人模型回應給定刺激(觀察值)的適當行為(動作),但學習已經停止,因此代理人將不會再在給定任務上改善。

我們已經討論了這些概念中的大部分:

- 我們了解觀察值、行動和獎勵,以及如何使用它們之間的映射來制定政策。
- 我們知道一個訓練階段發生在大量的情節中,一旦完成後,代理人會如何轉換到推理(只查詢模型,不再更新它)。
- 我們知道將一個超參數檔案傳遞給 mlagents -learn 程序,但我們掩蓋了那部分。
- 我們知道在訓練期間有不同的演算法可供選擇,但也許不知道為什麼您會從這些選項中選擇一個特定的演算法。

因此，本節將進一步研究 ML-Agents 中可用的**超參數**和**演算法**，您應該在哪裡以及為什麼要選擇使用它們，以及它們如何影響您在訓練中所做出的其他選擇，例如您對獎勵的選擇方案。

超參數（和只是參數）

當使用 ML-Agents 開始訓練時，需要傳遞帶有必要超參數的 YAML 檔案。這在機器學習領域通常被稱為**超參數檔案**（*hyperparameters file*），但這並不是它包含的全部內容，因此 ML-Agents 說明文件更傾向於將其稱為**配置檔案**（*configuration file*）。這包含在學習過程中使用的變數，其值將執行以下操作之一：

- 指明訓練過程的各個層面（「參數」）。
- 在學習時改變代理人或模型本身的行為（「超參數」）。

參數

常用配置的訓練參數包括：

trainer_type

　　訓練中使用的演算法，選項有 ppo、sac 或 poca。

max_steps

　　在情節結束之前，代理人可以接收的最大觀察值數量或可以採取的行動，無論它是否已達成目標。

checkpoint_interval 和 keep_checkpoints

　　在訓練期間多久輸出一次重複 / 備份模型以及一次保留多少個最近的模型。

summary_freq

　　多久列印一次（或發送到 TensorBoard）訓練進度的詳細資訊。

network_settings 及其對應的子參數

　　允許您指明用來代表代理人政策的神經網路的大小、形狀或行為。

您選擇的 trainer_type 將取決於您的代理人和環境的各個層面。在下一節中會深入討論這一點，我們將在其中了解每個演算法的底層。

max_steps 的定義很重要，因為如果模擬執行了數千或數百萬次（就像在模型的訓練過程中所發生的那樣）很可能在某些時候代理人會陷入不可恢復的狀態。如果沒有強制限制，代理人將維持這種狀態，並不斷用不相關或不具代表性的資料來污染自己的行為模型，直到 Unity 用完可用記憶體或使用者終止程序為止。這一點都不理想。相反的，應該使用經驗或估計來得出一個數字，該數字讓在正確軌道上緩慢移動的代理人能夠達成目標而不會被中斷，但也不允許過度地掙扎。

例如，假設您正在訓練一輛需要穿越賽道並到達目標位置的自動駕駛汽車，而先前訓練的模型或測試執行告訴您理想的執行將在大約 5,000 步內到達目標位置。如果將 max_steps 設定為 500,000，則代理人那一無所獲的**垃圾**情節將產生 10 倍於具有最佳效能的情節的資訊 —— 這可能會在此過程中混淆模型。但是，如果將 max_steps 設定為 5,000 或更低，該模型將永遠沒有機會獲得中等結果，而是每次都縮短其嘗試，最終（也許）它碰巧在沒有先驗知識的情況下達成了一個完美的情節。不過不大可能。介於這些數字之間是最好的；例如對於這個例子來說，大約是 10,000 步。對於您自己的代理人，理想情況將取決於它要執行的任務的複雜性。

檢查點（checkpoint）功能允許在每次 checkpoint_interval 變更時儲存中間模型，始終保留著最後的 keep_checkpoints 模型。這意味著如果您在訓練設定結束很久之前就看到代理人執行得很不錯，那麼您可以終止訓練程序並只使用最新的檢查點。訓練也可以從檢查點恢復，允許訓練從一種演算法開始，然後繼續另一種演算法 —— 例如第 1 章中給出的 BC 到 GAIL 範例。

network_settings 存取器可用於設定子參數，這些子參數會區分用來作為行為模型的神經網路的形狀。如果要在儲存或計算資源有限的環境（例如邊緣（edge）裝置）中使用，這有助於減小產生模型的大小，例如使用 network_settings->num_layers 或 network_settings->hidden_units。其他設定可以對特定層面進行更細微地控制，例如用來解讀視覺輸入的方法、或者是否對連續觀察值進行正規化（normalize）。

獎勵參數

然後需要定義更多參數以指定在訓練期間如何處理獎勵。這些歸在 reward_signals 之下。

在使用外顯式獎勵的地方，必須設定 reward_signals->extrinsic->strength 和 extrinsic->gamma。在這裡，strength 只是一個應用於 AddReward 或 SetReward 呼叫所發送的獎勵的尺度，如果您正在嘗試混合學習方法或其他一些外在和內在獎勵的組合，您可能希望減少它。

同時，gamma 是一種用來估計獎勵的尺度，根據達成所需的時間。當代理人根據它認為將從每個選項獲得的獎勵來考慮下一步應該做什麼的時候，會使用它。gamma 可以被視為衡量一個代理人應該在多大程度上優先考慮長期收益而不是短期收益。代理人是否應該在接下來的幾個步驟中放棄獎勵以希望達成更大的目標並最終獲得更大的獎勵？或者它應該去做任何最能夠立即給它獎勵的事情嗎？選擇將取決於您的獎勵計劃和代理人要完成的任務的複雜性，但通常較高的值（代表更長遠的思考）往往會產生更聰明的代理人。

其他類型的獎勵可能會直接來自訓練過程，它們被稱為內在（intrinsic）獎勵 —— 類似於模仿學習方法所使用的獎勵。但是，在 IL 是以所示範的行為是否相似來獎勵代理人，而這些獎勵則鼓勵一般屬性 —— 幾乎就像某個代理人的人格一樣。

最普遍適用的內在獎勵是 curiosity，由 reward_signals->curiosity 定義。代理人的好奇心意味著優先考慮去映射未知（即嘗試新事物並查看他們獲得多少分）而不是已知的良好行為（即過去讓他們獲得積分的事情）的傾向程度。好奇心是透過獎勵來鼓勵，獎勵會根據動作的新穎程度或結果有多不可預期來決定，這有助於避免在稀疏獎勵環境中經常出現的局部最大值問題。

例如，代理人可能被設計為尋找並站在平台上開啟一扇門，然後穿過開啟的門到達目標。為了激勵每一步並加快訓練速度，您將給予代理人站在平台上的獎勵，並在達到目標時給予指數級的更大獎勵。但是一個不具好奇心的代理人可能會意識到它在第一步中得到了獎勵，並決定最好的行動方案是不斷地在平台上進進出出，直到每一情節（以及最終是訓練）結束。這是因為它知道站在平台上是好的，任何其他動作的結果（據它所知可能是無限的）是未知的。所以，它只會堅持自己擅長的事情。這就是為什麼多階段目標通常需要引入人為的好奇心以使代理人更願意嘗試新事物。

為了激發好奇心，只需傳遞那些和外在獎勵需要的同樣的超參數：

reward_signals->curiosity->strength

在嘗試平衡好奇心獎勵與其他獎勵（例如外在獎勵）時衡量好奇心獎勵的數字（必須在 0.0 和 1.0 之間）

reward_signals->curiosity->gamma

應用第二個尺度來調整獎勵的感知價值，基於它們需要多長時間才能達成目標，和 extrinsic->gamma 相同（也在 0.0 和 1.0 之間）

其他不太常用的內在獎勵信號可用來引入其他代理人趨勢，例如隨機網路蒸餾（random network distillation），或啟用特定的學習類型，例如 GAIL。

超參數

常用的用來配置模型的**超參數**包括：

batch_size

控制每次更新模型時模擬會執行的迭代次數。如果您完全使用連續動作，batch_size 應該很大（數以千計），如果您只使用離散動作，則應該會小（數以十計）。

buffer_size

根據演算法控制不同的事情。對於 PPO 和 MA-POCA 來說，它控制了我們對模型進行任何更新之前要收集的經驗數量（它應該比 batch_size 大上幾倍）。對於 SAC 來說，buffer_size 對應於經驗緩衝區的最大大小，因此 SAC 可以從新舊經驗中學習。

learning_rate

對應於每次更新對模型的影響程度。它通常在 1e-5 和 1e-3 之間。

如果訓練不穩定（換句話說，獎勵不會持續增加），請嘗試降低 learning_ rate。較大的 buffer_size 也將對應於更穩定的訓練。

一些超參數是特定於正在使用的訓練器。讓我們從您可能最常使用的訓練器（PPO）的重要部分開始：

- beta 激勵探索。在這裡，高 beta 值將產生類似於好奇心內在獎勵的結果，因為即使發現了早期獎勵，它也會鼓勵代理人嘗試新事物。在簡單的環境中，較低的 beta 值是首選，因此代理人傾向於將它們的行為限制在過去有益的行為上 —— 這可能會減少訓練時間。

- epsilon 指示行為模型對改變的接受程度。在這裡，一旦發現獎勵時，高 epsilon 值將允許代理人快速採用新行為，但這也允許代理人的行為會輕鬆地經常改變，甚至在訓練後期也是。較低的 epsilon 值意味著代理人將需要更多嘗試來從經驗中學習，並且可能會導致更長的訓練時間，但會確保在訓練後期中的行為一致。

- 排程（schedule）超參數如 beta_schedule 和 epsilon_schedule 可用來讓其他超參數的值在訓練期間發生變化，例如在訓練早期優先考慮 beta（好奇心），或在訓練後期減少 epsilon（善變）。

> POCA/MA-POCA 使用和 PPO 相同的超參數，但 SAC 有一些自己的專用超參數（*https://oreil.ly/SuApG*）。

有關 ML-Agents 目前支援的參數和超參數的完整列表，請參閱 ML-Agents 說明文件（*https://oreil.ly/4M3An*）。

> 如果您真的不知道（或想知道）這些必要的超參數對您選擇的模型意味著什麼，您可以查看 GitHub 上每種訓練器類型的 ML-Agents 範例檔案（*https://oreil.ly/0048b*）。一旦您了解訓練是如何進行的，如果您遇到了這裡描述的一些特定於超參數的問題，您可以選擇調整這些特定的值。

演算法

Unity ML-Agents 框架允許代理人透過以下列方式之一定義的獎勵進行優化來學習行為：

由您外顯式（外在獎勵）

這是我們使用了 AddReward 或 SetReward 方法的 RL 方法：當我們知道代理人做對某事時，我們給予獎勵（或者當它做錯時給予懲罰）。

透過所選演算法內隱式（內在獎勵）

基於和所提供的行為示範的相似性給予獎勵的 IL 方法：我們向代理人示範行為，它嘗試複製它並根據它複製它的好壞程度來自動獲得獎勵。

透過訓練程序內隱式

我們所討論的超參數設定，其中代理人可以因表現出某些屬性（例如好奇心）而獲得獎勵。我們在本書中沒有過多地觸及這一點，因為它有點超出了範圍。

但這並不是 ML-Agents 中可用的不同演算法之間的全部區別。

近端政策優化（*Proximal policy optimization, PPO*）可能是使用 Unity 來進行 ML 工作的最明智的預設選擇。PPO（*https://oreil.ly/6rCeP*）試圖逼近一個理想函數，該函數將代理人的觀察值映射到給定狀態下可用的最佳可能動作。它被設計為一種通用演算法。它不太可能是最有效的，但通常可以完成工作。這就是 Unity ML-Agents 將其作為預設設定來提供的原因。

柔性演員 - 評論家（*soft actor-critic, SAC*）是一種離政策（*off-policy*）的 RL 演算法。這基本上意味著可以分別定義最優訓練行為和最優結果代理人行為。這可以減少代理人達到最佳行為所需的訓練時間，因為您可以鼓勵在訓練期間可能需要但在最終代理人行為模型中並不需要的某些屬性。

這種屬性的最好例子是**好奇心**。在訓練期間，好奇的探索非常棒，因為您不希望您的代理人發現一件能給它加分的東西，然後就再也不嘗試其他任何東西了。但是一旦模型經過訓練後，它就不是那麼好了，因為如果訓練按預期進行，它就已經發現了所有想要的行為。

因此，與 PPO 等同政策（*on-policy*）方法相比，SAC（*https://oreil.ly/jPlxp*）可以更快地進行訓練，但需要更多記憶體來儲存和更新單獨的行為模型。

 關於 PPO 是 同政策 還是 離政策 存在著爭議。我們傾向於將其視為同政策，因為它會根據當前政策進行更新。

Multi-Agent POsthumous Credit Assignment（POCA 或 MA-POCA）是一種多代理人演算法，它使用集中式的評論家來獎勵和懲罰一群代理人。獎勵和基本的 PPO 類似，不過是給予評論家。代理人應該學習如何為獲得獎勵做出最好的貢獻，但也可以個別地獲得獎勵。它被認為是**死後的**（*posthumous*），因為在學習過程中可以將代理人從代理人群組中移除，但即使在被移除之後，它仍然會了解它的哪些行為對群組獲得的獎勵做出了貢獻。這意味著代理人可以採取對團體有利的行動，即使他們會導致自己的死亡。

我們在第 9 章中使用過 MA-POCA（*https://oreil.ly/aDvvz*）。

Unity 推理引擎和整合

在代理人訓練期間，代表代理人行為的神經網路隨著代理人執行動作並以獎勵形式接收回饋而不斷更新。這通常是一個漫長的過程，因為神經網路圖可能非常大，並且在步驟或情節之間調整它所需的計算將隨其大小而變化。同樣的，代理人能夠一直成功地完成所需任務而所需的情節數量通常為數十萬甚至數百萬。

因此，在 ML-Agents 中訓練一個中等複雜性的代理人將很容易占用個人電腦數小時甚至數天的時間。然而，經過訓練的代理人可以輕鬆地包含在 Unity 遊戲中或匯出以用在簡單的應用程式。那麼，如何在訓練後讓它們的使用變得更加可行呢？

> 如果您想訓練模型以在 ML-Agents 之外用於 ML-Agents，首先要了解 Tensor 名稱（*https://oreil.ly/J59hl*）和 Barracuda 模型參數（*https://oreil.ly/pu3YM*）。這些超出了本書的範圍，但非常有趣！

答案是訓練期間所需效能與**推理**期間所需效能之間的差異。在訓練階段之後，代理人行為的神經網路會被鎖定到位；它將不再隨著代理人執行動作而進行更新，獎勵將不再作為回饋來發送。相反的，會向代理人提供和訓練期間所使用的相同觀察值，但定義哪些觀察值將反應哪些動作的規則已經被定義好了。

找出相對應的反應就像追蹤一張圖一樣簡單。出於這個原因，推理是一個高效能的程序，即使在計算資源有限的應用程式中也可以包含它。所要的只是一個**推理引擎**（*inference engine*），它知道如何獲取輸入、追蹤網路圖並輸出要執行的適當動作。

> Unity ML-Agents 推理引擎是使用計算著色器（*compute shader*）實作的，計算著色器是在 GPU（也稱為顯示卡）上執行的小型專用程式，但不用在繪圖上。這意味著它們可能無法在所有平台上執行（*https://oreil.ly/Iaj5s*）。

幸運的是，Unity ML-Agents 有附帶了一個，稱為 *Unity* 推理引擎（*Unity inference engine*）（有時稱為 Barracuda）。因此，您無需自己製作或發布用在訓練的底層框架，例如 PyTorch 或 TensorFlow。

> 您可以在 Unity 說明文件（*https://oreil.ly/0jyye*）中了解有關 Barracuda 的更多資訊。

如果您在 ML-Agents 之外訓練了模型，將無法將它和 Unity 的推理引擎一起使用。理論上，您可以在 ML-Agents 之外建立一個模型，而該模型也符合了 ML-Agents 所期望的常數和張量的名稱，但它不受官方支援。

 這可能違反直覺（或非常符合直覺，根據於您的背景而定），但對於使用 ML-Agents 所產生的模型，使用 CPU 執行推理將比使用 GPU 更快，除非您的代理人具有大量的視覺觀察值。

使用 ML-Agents Gym Wrapper

OpenAI Gym 是一個（在這一點上幾乎是業界標準）開放原始碼程式庫，用來開發和探索強化學習演算法。在本節中，我們將快速了解如何使用 ML-Agents Gym Wrapper 來探索強化學習演算法。

在我們開始使用 ML-Agents Gym Wrapper 之前，您需要設定好 Python 和 Unity 環境。因此，如果您還沒有這樣做，請按照第 19 頁「設定」中的步驟建立一個新環境。完成此操作後，請在此處繼續：

1. 啟動您的新環境，然後安裝 gym_unity Python 套件：

   ```
   pip install gym_unity
   ```

2. 然後，您可以從任何 Python 腳本啟動 Unity 模擬環境作為健身房（*gym*）：

   ```
   from gym_unity.envs import UnityToGymWrapper
   env = UnityToGymWrapper
       (unity_env, uint8_visual, flatten_branched, allow_multiple_obs)
   ```

在此案例中，`unity_env` 是一個 Unity 環境，將被包裝並呈現為一個健身房。就這樣！

Unity 環境和 OpenAI 基線

OpenAI 專案中最有趣的組件之一是 OpenAI Baselines，這是一組強化演算法的高品質實作。它現在還處於維護模式，但它仍然提供了一個非常有用的演算法集合，您可以使用這些演算法來探索強化學習。

很方便的是，您可以透過 Unity ML-Agents Gym Wrapper 來將 OpenAI Baselines 和 Unity 模擬環境一起使用。

在此舉一個簡單的例子，我們將使用 OpenAI 的 DQN 演算法來訓練我們在第 11 章中所使用的 GridWorld。

首先，您需要建構 GridWorld 環境的副本：

1. 使用 Unity Hub 開啟被當作是 Unity 專案來複製或下載的 ML-Agents GitHub 儲存庫副本中的 Project 檔案夾（請參閱第 19 頁的「設定」），然後使用 Project 視圖來開啟 GridWorld 場景。

2. 開啟 File 選單→ Build 設定，然後選擇您目前的平台。

3. 確保 GridWorld 場景是在 Scenes in Build 列表中被選擇的唯一場景。

4. 單擊 Build 並選擇將建構儲存在系統上您熟悉的位置。

您可能想知道為什麼我們不能使用預設註冊表來獲取 GridWorld 的副本，因為我們在這裡只使用 Python 來工作。原因是 ML-Agents Gym Wrapper 只支援存在單一代理人的環境。然而所有預建的預設註冊表環境都有多個區域，以加快訓練速度。

接下來，我們將轉向 Python：

5. 在您的 Python 環境中，您需要安裝 Baselines 套件：

   ```
   pip install git+git://github.com/openai/baselines
   ```

在執行此操作之前，您可能需要透過 `pip install tensorflow==1.15` 來安裝 TensorFlow。您需要這個特定版本的 TensorFlow 以保持與 OpenAI Baselines 的相容性：具體來說，它使用了 TensorFlow 的 `contrib` 模組，而它並不是 TensorFlow 2.0 的一部分。這就是 Python 的樂趣所在。

6. 接下來，按照我們在第 258 頁的「使用環境進行實驗」中使用的程序來啟動 Jupyter Lab，並建立一個新筆記本。

7. 添加以下 `import` 行：

   ```
   import gym

   from baselines import deepq
   from baselines import logger

   from mlagents_envs.environment import UnityEnvironment
   from gym_unity.envs import UnityToGymWrapper
   ```

8. 接下來，取得我們剛才建構的 Unity 環境的控制代碼，並將其轉換為健身房：

```
unity_env =
    UnityEnvironment("/Users/parisba/Downloads/GridWorld.app", 10000, 1)
env = UnityToGymWrapper(unity_env, uint8_visual=True)
logger.configure('./logs') # 變更為不同的目錄來進行記錄
```

請注意，/Users/parisba/Downloads/GridWorld.app 的等效項應該指向 *.app* 或 *.exe* 或其他可執行檔案（根據您的平台而定），它就是我們剛才建立的 GridWorld 的建構副本。

9. 最後，執行訓練：

```
act = deepq.learn(
    env,
    "cnn", # 用於視覺輸入
    lr=2.5e-4,
    total_timesteps=1000000,
    buffer_size=50000,
    exploration_fraction=0.05,
    exploration_final_eps=0.1,
    print_freq=20,
    train_freq=5,
    learning_starts=20000,
    target_network_update_freq=50,
    gamma=0.99,
    prioritized_replay=False,
    checkpoint_freq=1000,
    checkpoint_path='./logs', # 儲存目錄
    dueling=True
)
print("Saving model to unity_model.pkl")
act.save("unity_model.pkl")
```

您的環境將啟動，並將使用 OpenAI Baselines DQN 演算法來進行訓練。

側頻道

Unity 的 Python ML-Agents 組件提供了一種稱為側頻道（side channel）的功能，它允許您在 Unity 中執行的 C# 程式碼和 Python 程式碼之間來回共享任意資訊。具體來說，ML-Agents 提供了兩個側頻道供您使用：EngineConfigurationChannel 和 EnvironmentParametersChannel。

引擎配置頻道

引擎配置頻道（engine configuration channel）允許您更改和引擎相關的參數：時間尺度、繪圖品質、解析度等。它的目標在於透過改變品質來提高訓練期間的效能，或讓推理過程中的人工審查中的事物更漂亮、更有趣、或更有用。

請按照以下步驟來建立 EngineConfigurationChannel：

1. 確保以下是您的 import 敘述的其中一部分：

   ```
   from mlagents_envs.environment import UnityEnvironment
   from mlagents_envs.side_channel.engine_configuration_channel
       import EngineConfigurationChannel
   ```

2. 建立一個 EngineConfigurationChannel：

   ```
   channel = EngineConfigurationChannel()
   ```

3. 將頻道傳遞到您正在使用的 UnityEnvironment 中：

   ```
   env = UnityEnvironment(side_channels=[channel])
   ```

4. 根據需求來配置頻道：

   ```
   channel.set_configuration_parameters(time_scale = 2.0)
   ```

在此案例中，此 EngineConfigurationChannel 的配置會將 time_scale 設定為 2.0。

就是這樣！有一系列可能的參數可以和 set_configuration_parameters 一起使用，例如用於解析度控制的 width 和 height、以及 quality_level 和 target_frame_rate。

環境參數頻道

環境參數頻道（environment parameters channel）比引擎配置頻道更通用；它允許您使用需要在 Python 和模擬環境之間來回傳遞的任何數值。

請按照以下步驟來建立 EnvironmentParametersChannel：

1. 確保您具有以下 import 敘述：

   ```
   from mlagents_envs.environment import UnityEnvironment
   from mlagents_envs.side_channel.environment_parameters_channel import
       EnvironmentParametersChannel
   ```

2. 建立一個 EnvironmentParametersChannel 並將它傳遞給 UnityEnvironment，就像我們為引擎配置頻道所做的那樣：

```
channel = EnvironmentParametersChannel()
env = UnityEnvironment(side_channels=[channel])
```

3. 接下來在 Python 端使用此頻道來進行 set_float_parameter，以命名一個參數：

```
channel.set_float_parameter("myParam", 11.0)
```

在此案例中，參數名稱為 myParam。

4. 這允許您在 Unity 中從 C# 來存取相同的參數：

```
var environment_parameters = Academy.Instance.EnvironmentParameters;
float myParameterValue = envParameters.GetWithDefault("myParam", 0.0f);
```

這裡的呼叫中的 0.0f 是預設值。

至此，我們完成了這一章，或多或少地完成了本書的模擬。我們在程式碼下載中提供了一些後續步驟；如果您對強化學習感到好奇並想探索更多，請開啟本書網站（*http://secretlab.com.au/books/practical-sims*）上資源包中的 Next_Steps 資料夾。

第三部分

合成資料，真實結果

第 13 章

建立更進階的合成資料

在本章中，我們將回到合成，並在第 3 章中所介紹的使用了 Unity 的 Perception 合成資料的基礎上進行建構。

具體來說，我們將使用隨機產生器（randomizer）來將隨機元素添加到從我們的骰子所產生的影像中，並學習如何利用之前添加的標籤來探索我們正在合成的資料。

向場景中添加隨機元素

為了產生有用的合成資料，我們需要向場景中添加隨機元素。要添加的隨機元素是：

- 隨機的地板顏色（*floor color*）。
- 隨機的相機位置（*camera position*）。

透過隨機改變地板的顏色和相機的位置，我們將能夠產生各種隨機的骰子影像，然後可以用來訓練 Unity 之外的影像識別系統以識別各種情況下的骰子。

我們將使用在第 3 章結束時所完成的同一個專案，所以在繼續之前請複製或從頭開始重新建立它。我們複製了它並將其重命名為「SimpleDiceWithRandomizers」。

不要忘記它必須是一個 3D URP 專案，這與您在第二部分中為模擬所做的專案不同。如果您需要一些提醒的話，請參閱第 58 頁的「建立 Unity 專案」。

隨機化地板顏色

要隨機化地板顏色，我們首先需要一個隨機產生器。要添加隨機產生器，請打開 Unity 場景並執行以下操作：

1. 找到附加到 Scenario 物件的 Scenario 組件，然後單擊 Add Randomizer 按鈕，如圖 13-1 所示。

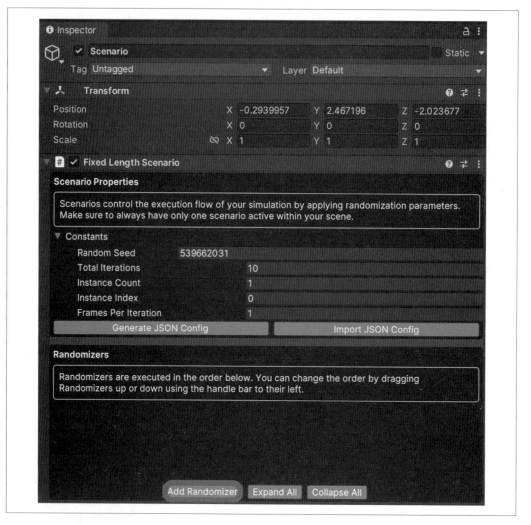

圖 13-1　添加隨機產生器

2. 選擇感知類別，如圖 13-2 所示，並選擇 Color Randomizer，如圖 13-3 所示。

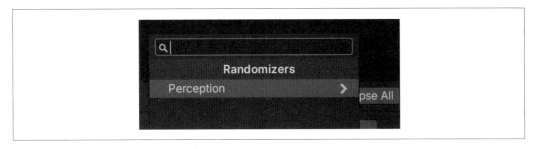

圖 13-2　選擇感知類別

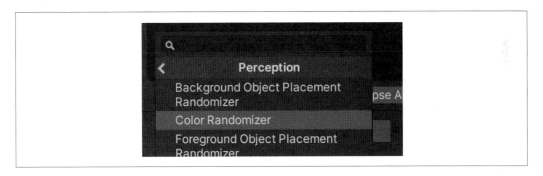

圖 13-3　選擇顏色隨機產生器

顏色隨機產生器需要知道它應該要改變哪些物件的顏色。為此，我們需要將 Color Randomizer Tag 組件添加到地板平面（這就是我們希望改變顏色的物件）：

3. 在 Hierarchy 面板中選擇地板，並使用它的 Inspector 來添加一個 Color Randomizer Tag 組件。

4. 驗證它是否已添加到物件中，如圖 13-4 所示。

圖 13-4　顏色隨機產生器標籤

就這樣。要測試隨機產生器是否正常運作，請執行專案，並檢查第 74 頁的「測試場景」中所記錄的檔案系統位置。

如果一切正常的話，您會發現骰子圖片將具有各種彩色背景，如圖 13-5 所示。

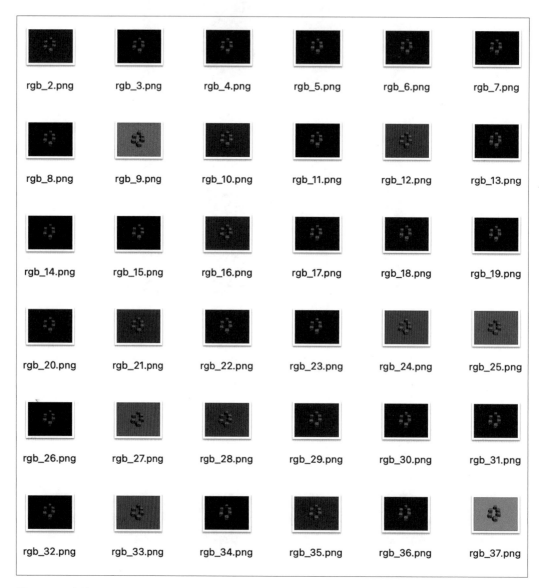

圖 13-5　隨機的平面顏色（如果您正在閱讀印刷版，會以灰階顯示）

隨機化相機位置

接下來，我們將會在用來捕獲我們所儲存的影像的相機位置添加一個隨機元素。

為了隨機化相機的位置，我們需要一個不會隨著 Unity 的 Perception 套件而提供的隨機產生器。為此，我們將編寫自己的隨機產生器。

 隨機產生器是附加到場景的腳本。隨機產生器封裝了會在環境執行期間執行的特定隨機化活動。每個隨機發生器都會向 Inspector 公開某些參數。

我們可以透過建立衍生自 Randomizer 類別的新腳本以及該類別的實作方法（根據需要）來建立新的隨機產生器。

您可以覆寫的一些方法是：

- OnCreate()，當場景載入隨機產生器時呼叫。

- OnIterationStart()，當場景開始迭代時呼叫。

- OnIterationEnd()，當場景完成迭代時呼叫。

- OnScenarioComplete()，當場景完成時呼叫。

- OnStartRunning()，在啟用隨機產生器的第一個圖框（frame）上呼叫。

- OnUpdate()，在每一圖框上呼叫。

例如，以下是我們剛才使用的 ColorRandomizer 的程式碼，它是作為 Unity Perception 套件的一部分而建立和提供的：

```
[AddRandomizerMenu("Perception/Color Randomizer")]
public class ColorRandomizer : Randomizer
{
    static readonly int k_BaseColor = Shader.PropertyToID("_BaseColor");
    public ColorHsvaParameter colorParameter;
    protected override void OnIterationStart()
    {
        var taggedObjects = tagManager.Query<ColorRandomizerTag>();
        foreach (var taggedObject in taggedObjects)
        {
            var renderer = taggedObject.GetComponent<Renderer>();
            renderer.material.SetColor(k_BaseColor, colorParameter.Sample());
        }
    }
}
```

每個隨機產生器都有 [Serializable] 標籤是很重要的，以便 Unity Editor 可以客製化隨機產生器並將其儲存為 UI 的一部分。您可以在 Unity 的說明文件（*https://oreil.ly/fOeu4*）中了解有關此標籤的更多資訊。

重要的是要包含 [AddRandomizerMenu] 屬性並指定隨機產生器會出現在 Add Randomizer 按鈕的子選單中的路徑。在此案例中，[AddRandomizerMenu("Perception/Color Randomizer")] 的結果如圖 13-6 所示。

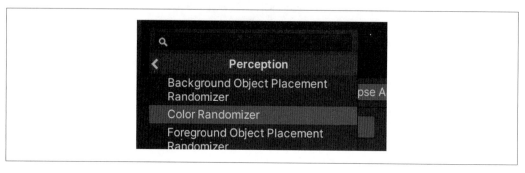

圖 13-6　再次選擇顏色隨機產生器

按照以下步驟製作您自己的隨機產生器：

1. 透過右鍵單擊 Project 窗格並選擇 Create → C# Script 來建立一個新腳本。

2. 將新腳本命名為 *CamRandomizer.cs*，然後開啟它，並刪除除了已提供的 import 行之外的所有內容。

3. 添加以下匯入：

```
using UnityEngine.Experimental.Perception.Randomization.Parameters;
using UnityEngine.Experimental.Perception.Randomization.Randomizers;
```

4. 添加前述的屬性（在類別之外和之上，而不是在任何方法之內），使其出現在子選單中：

```
[AddRandomizerMenu("Perception/Cam Randomizer")]
```

5. 添加衍生自 Randomizer 的類別：

```
public class CamRandomizer : Randomizer
{

}
```

6. 建立一個地方來儲存對場景相機的參照，以便您可以使用隨機產生器來移動它：

```
public Camera cam;
```

7. 建立一個 FloatParameter 以便可以在 Unity Editor 中定義相機的 x 位置的範圍：

```
public FloatParameter camX;
```

8. 接下來，重寫前面提到的 OnIterationStart() 方法，用它來 Sample() 我們剛剛建立的 camX 參數，並定位相機：

```
protected override void OnIterationStart()
{
    cam.transform.position = new Vector3(camX.Sample(),18.62f,0.72f);
}
```

編寫腳本後，您需要將其添加到場景中：

1. 從 Hierarchy 中選擇場景並再次使用 Add Randomizer 按鈕，但這一次請找到您新建立的相機隨機產生器，如圖 13-7 所示。

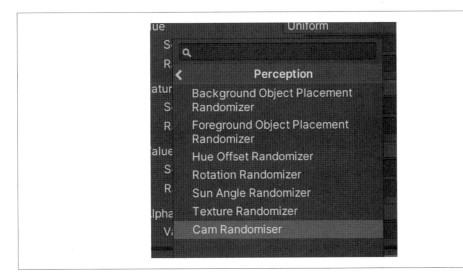

圖 13-7　新建立的相機隨機產生器

2. 找到相機隨機產生器的設定，並把範圍（range）設定在 -7 到 7 之間，如圖 13-8 所示。

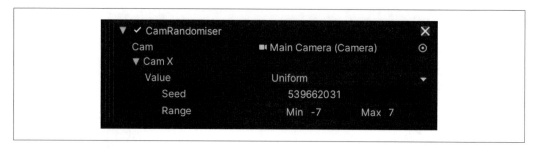

圖 13-8　相機隨機產生器設定

3. 將 Main Camera 拖到相機隨機產生器的相機欄位中。

　　透過執行場景來測試隨機產生器。這一次，相機的位置和地板顏色都是隨機的，如圖 13-9 所示。

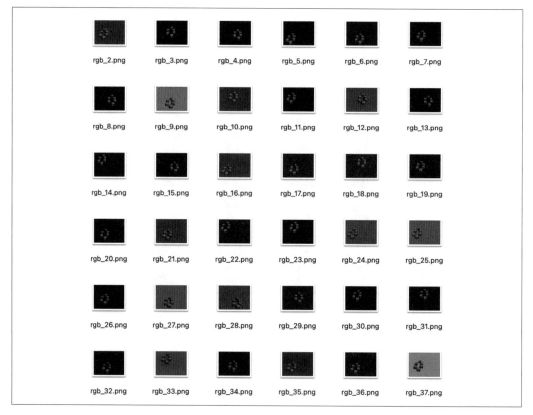

圖 13-9　具有隨機顏色和相機位置的隨機產生影像

下一步是什麼？

我們已經在兩個與模擬相關的章節中介紹了使用 Unity 來進行合成的所有基本原則。接下來，我們將結合所有的新知識並建構一個用於訓練影像識別系統的資料集（同樣的，這種訓練程序將在 Unity 之外進行，逐步地完成該程序超出了本書的範圍）。

第 14 章

建立更進階的合成資料

您已經初步了解如何使用 Unity 來產生客製化合成資料集，但您只觸及了皮毛而已。

在本章中，我們將結合迄今為止所學的知識，進一步地探索 Unity Perception 的可能性和特性，並討論如何將它們應用到您自己的專案中。

具體來說，我們將使用 Unity 和 Perception 來建立一組功能齊全的合成資料：一組可能在超市找到的商品，並已經好好的被註解和標記了。

想像有一個由人工智慧驅動的購物手推車，當您從貨架上拿走東西時，它知道您正在拿什麼（您其實不必費力去想像它，因為它已經成真！）。為了訓練這樣的東西，您需要大量資料，其中顯示了您在超市中找到的產品包裝。您需要各種角度的包裝影像，而且在它們背後有各種各樣的東西，您也需要標記它們，這樣當您使用它們訓練模型時，就能夠準確地訓練它。

我們會在本章中製作這個資料集。

建立 Unity 環境

首先，我們需要在 Unity 中建構世界，以用來建立我們的隨機商店影像。在此案例中，這個世界將是一個會添加隨機產生器的場景，以建立我們需要的那些影像。

要啟動並執行 Unity 環境，請執行以下步驟：

1. 建立一個全新的 Unity 專案，再次選擇 Universal Render Pipeline（URP）模板，如圖 14-1 所示。我們的專案名為「SyntheticShopping」，但請隨意發揮創意。

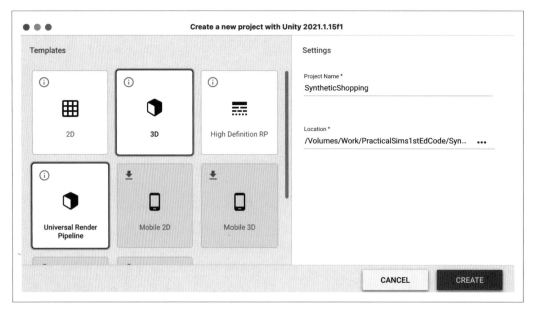

圖 14-1　一個新的 URP 專案

2. 專案開啟後，使用 Unity 套件管理器來安裝 Unity Perception 套件，如圖 14-2 所示。

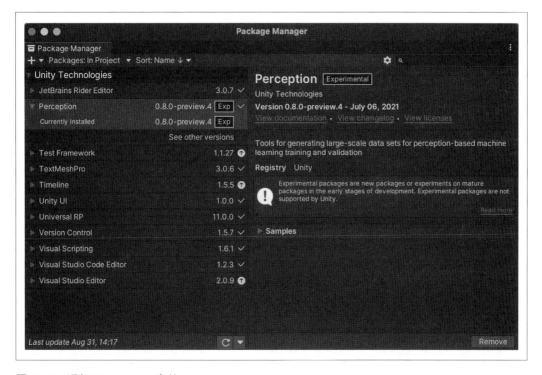

圖 14-2　添加 Perception 套件

您可以按名稱 `com.unity.perception` 來添加套件、瀏覽套件儲存庫、或手
動下載並安裝它。

3. 單擊 Package Manager 窗格中教程檔案旁邊的 Import 按鈕，同時選擇 Unity Perception 套件。這會將一組有用的影像和模型匯入到專案中。我們將在本章中使用它們。如圖 14-3 所示。

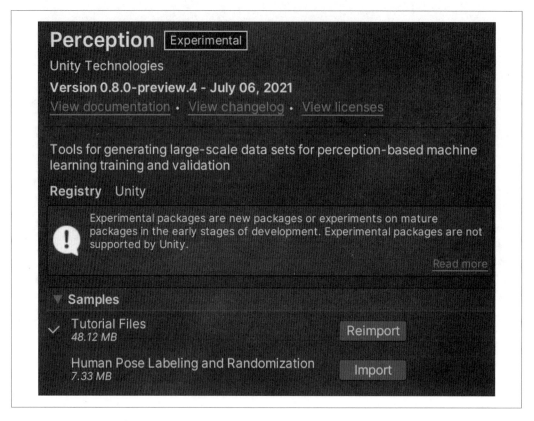

圖 14-3　匯入教程檔案

4. 在 Project 窗格中，建立一個新場景，如圖 14-4 所示。將其命名為「SyntheticShop」或類似名稱。

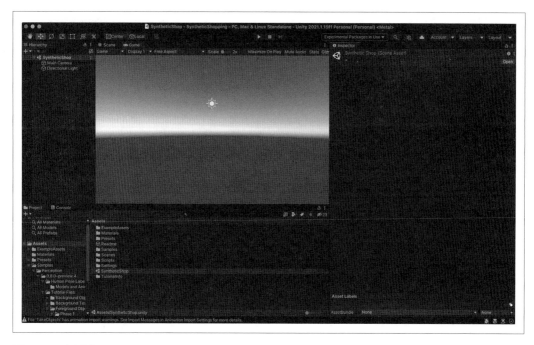

圖 14-4　新場景

5. 開啟新的空場景。您的 Unity 螢幕畫面應該如圖 14-4 所示。

6. 接下來，在 Project 窗格中找到 ForwardRenderer 資產，如圖 14-5 所示。

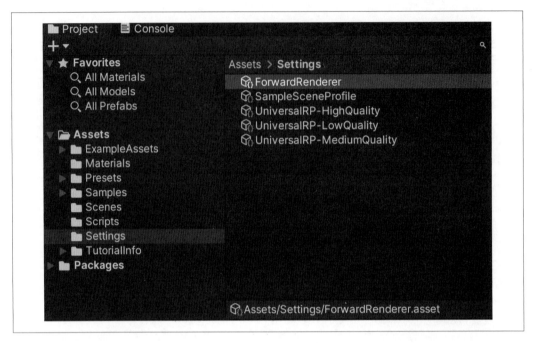

圖 14-5 ForwardRenderer 資產

7. 選擇 ForwardRenderer 資產後，在 Inspector 中單擊 Add Renderer Feature 按鈕並選擇 Ground Truth Renderer Feature，如圖 14-6 所示。

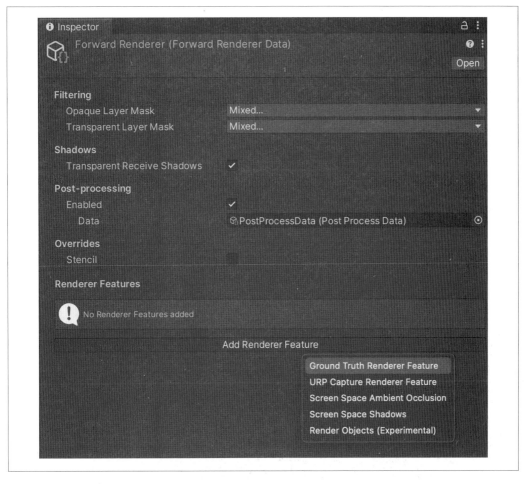

圖 14-6　配置前向渲染器（forward renderer）

這就是我們現在需要的一切；接下來我們需要添加一個 Perception Camera。

Perception Camera

為了允許標記真實值，我們需要在 SyntheticShop 場景的 Main Camera 中添加一個 Perception Camera。

Perception Camera 是用於產生影像的相機或視圖。當您產生合成影像時，Perception Camera 看到的是您建立的每張影像最終所渲染出來的內容。

要在 Unity 中添加 Perception Camera，請執行以下步驟：

1. 在 SyntheticShop 場景的 Hierarchy 中選擇 Main Camera，在其 Inspector 中使用 Add Component 按鈕來添加一個 Perception Camera 組件，如圖 14-7 所示。

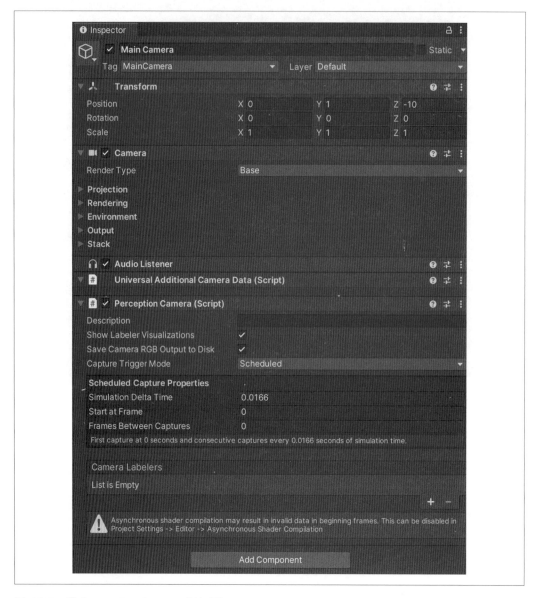

圖 14-7 　將 Perception Camera 添加到 Main Camera

2. 接下來，在 Perception Camera 組件的 Inspector 中，選擇 Camera Labelers 區段下方的 + 按鈕，並添加一個 BoundingBox2DLabeler，如圖 14-8 和 14-9 所示。

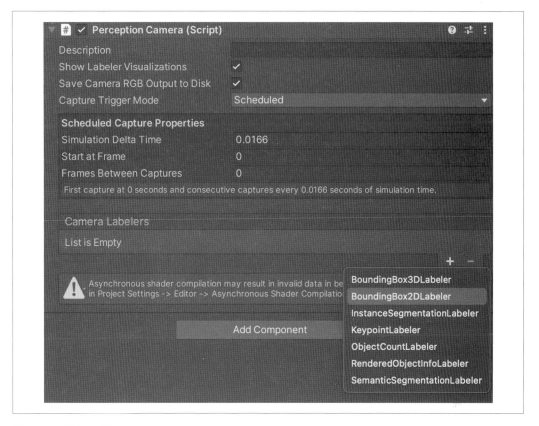

圖 14-8　添加一個 BoundingBox2DLabeler

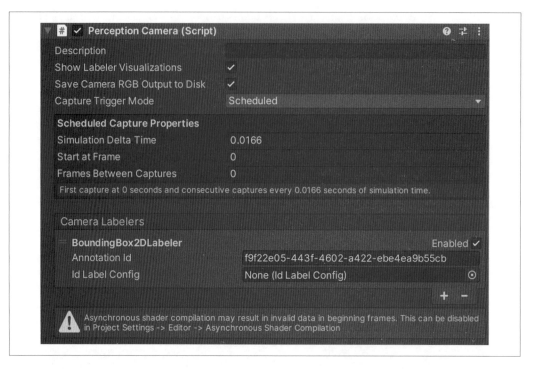

圖 14-9 標記器

3. 現在我們需要建立一個新資產來命名標籤。在 Project 面板中，建立一個新的 ID
   Label Config 資產，如圖 14-10 所示。我們將其命名為「SyntheticShoppingLabels」。

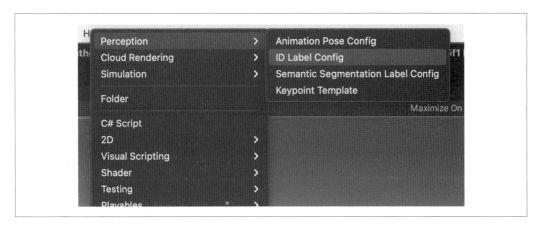

圖 14-10　建立 ID Label Config 資產

4.　在 Project 窗格中選擇這個新資產，然後在 Inspector 中找到 Add All Labels to Config 按鈕（如圖 14-11 所示），以從您之前匯入的範例資料來添加標籤。

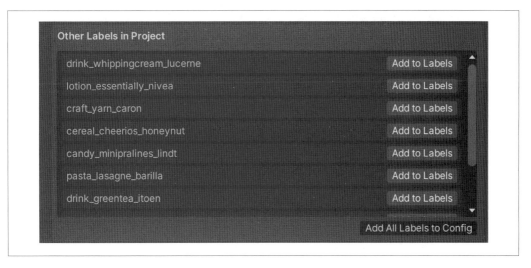

圖 14-11　標籤以及 Add All Labels to Config 按鈕

我們剛剛添加的標籤來自我們匯入的資產上的 Label 組件。因為資產有標籤，但我們沒有一個 ID Label Config 資產來認可並包含這些標籤，所以我們需要製作並添加它們。

5. 驗證標籤是否已移至 Added Labels 區段，如圖 14-12 所示。

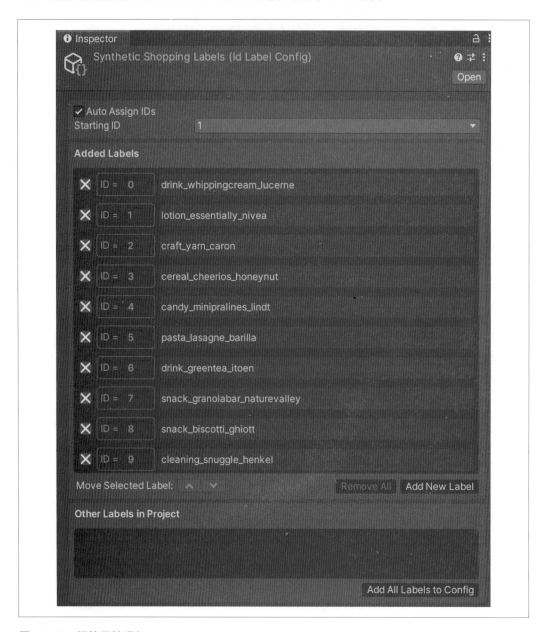

圖 14-12　標籤已被添加

6. 再次選擇 Hierarchy 中的 Main Camera，並返回 Perception Camera 組件。將 SyntheticShoppingLabels 資產拖到 Id Label Config 欄位中（或使用按鈕，如圖 14-13 所示）。

 請確保在 BoundBox2DLabeler 區段中勾選了 Enabled 複選框。

圖 14-13　指派 ID Label Config 資產

這就是全部了。接下來，我們需要測試標籤。

測試標記器

在我們繼續之前要先測試標記器是否正常運作：

1. 找到作為範例資產的一部分而匯入的前景物件預製件（prefab），如圖 14-14 所示。

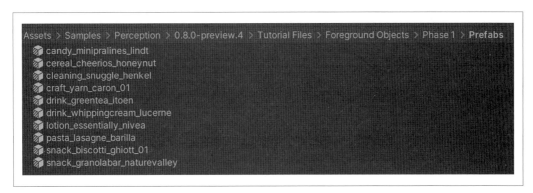

圖 14-14　前景的預製件

2. 將其中一個預製件（不管是哪一個）從 Project 窗格拖到 Hierarchy 中。

3. 選擇新添加的預製件，在 Scene 視圖處於現用（active）狀態時，按下鍵盤上的 F
   鍵來將視圖聚焦在它上面，如圖 14-15 所示。

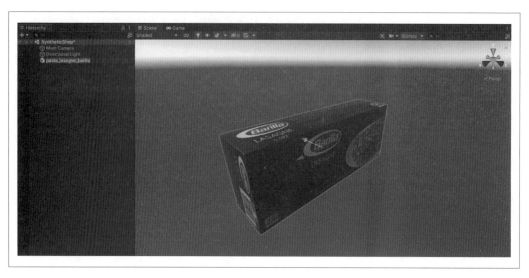

圖 14-15 聚焦於一盒義大利麵上

4. 在 Scene 視圖中移動 Main Camera，直到它在 Game 視圖中良好地顯示了新添加
   的預製件。

 無需手動對齊相機，您可以選擇預製件，在 Scene 視圖中對其聚焦，然
後透過在 Hierarchy 中右鍵單擊 Main Camera 並選擇 Align with View，
來讓 Main Camera 複製 Scene 視圖的透視圖。

5. 使用 Play 按鈕來執行場景。您應該會看到一個定界框恰當地顯示在由預製件所表達的物品周圍，如圖 14-16 所示。如果您看到的就是如此，這意味著到目前為止一切正常！

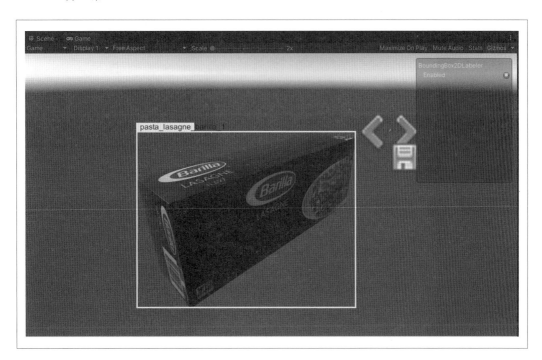

圖 14-16　測試標記器

如果一切正常的話，請從場景中刪除預製件。

添加隨機產生器

接下來，我們需要在環境中添加一些隨機產生器。隨機產生器將隨機定位前景（最終是背景）物件以產生一系列不同的影像。

 透過建立隨機定位（還有隨機做其他事情），我們想要訓練機器學習模型來偵測物件的影像，我們正在幫助機器學習模型，最終可能會使用這樣的資料來訓練它，以便能更有效地找到我們希望它在影像中找到的物件。

正如之前討論過的，Unity Perception 提供了許多不同的隨機產生器，並允許您根據需要來建立自己的隨機產生器。對於我們的合成商店來說，想要隨機化很多不同的東西：

- 東西的材質。

- 我們感興趣的東西背後的物件（背景物件）。

- 背景物件的顏色。

- 物件的放置（前景和背景）。

- 物件的旋轉（前景和背景）。

請按照以下步驟來添加隨機產生器：

1. 在 Hierarchy 中建立一個空的 Game 物件，並將其命名為「Scenario」或類似名稱。

2. 選定 Scenario 物件後，使用其 Inspector 透過 Add Component 按鈕來添加一個 Fixed Length Scenario 組件，如圖 14-17 所示。

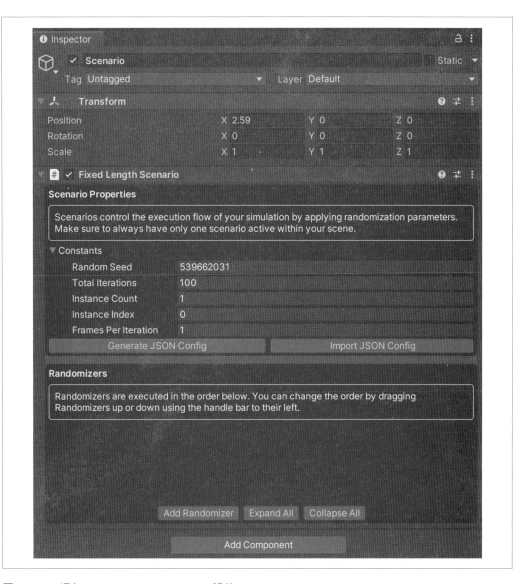

圖 14-17　添加 Fixed Length Scenario 組件

3. 使用 Add Randomizer 按鈕來添加 BackgroundObjectPlacementRandomizer。

4. 在新建的 BackgroundObjectPlacementRandomizer 中，點擊 Add Folder 按鈕，然後導航到 Tutorial Assets 的 Background Objects 資料夾中的 Prefabs 資料夾，如圖 14-18 所示。

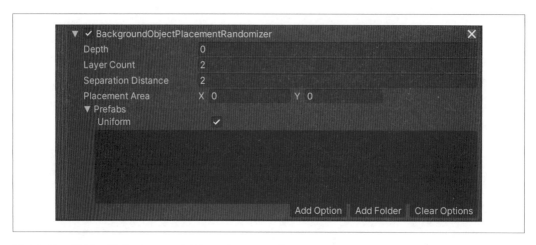

圖 14-18　添加一個 BackgroundObjectPlacementRandomizer

5. 添加了背景物件資料夾後，您可能需要調整 Depth、Layer Count、Separation Distance、和 Placement Area 設定：我們的設定如圖 14-19 所示。

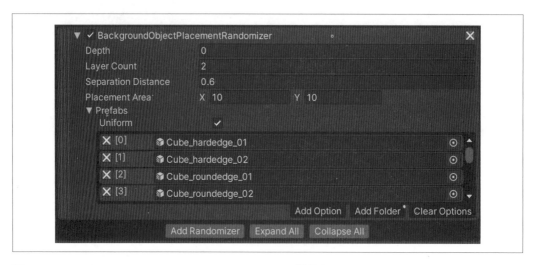

圖 14-19　BackgroundObjectPlacementRandomizer 的設定

現在可以再次執行模擬，您會在相機前發現一堆隨機形狀（具有相同顏色）。不過，還沒有前景物體。

6. 接下來，添加一個 TextureRandomizer（在 Scenario 物件的 Fixed Length Scenario 組件中使用相同的 Add Randomizer 按鈕）。

7. 添加 TextureRadomizer 之後，選擇 Add Folder 按鈕，從 Tutorial Assets 中找到 Background Textures 資料夾，如圖 14-20 所示。

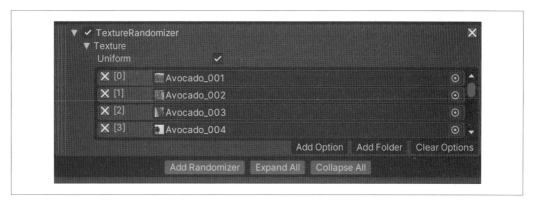

圖 14-20　TextureRandomizer 設定

8. 接下來我們將添加一個 HueOffsetRandomizer，如圖 14-21 所示。我們將使用其預設設定。

圖 14-21　添加一個 HueOffsetRandomizer

9. 現在我們需要添加一個 ForegroundObjectPlacementRandomizer，並使用 Add Folder 按鈕來指向前景物件預製件（雜貨）的資料夾。我們的設定如圖 14-22 所示。

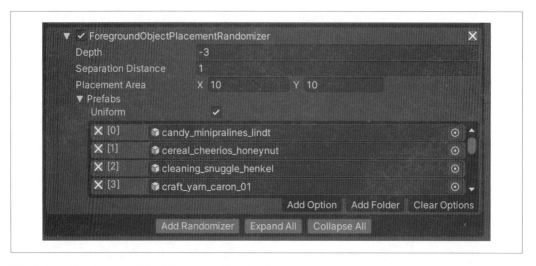

圖 14-22　ForegroundObjectPlacementRandomizer

10. 對於最終的隨機產生器，我們需要一個 RotationRandomizer，如圖 14-23 所示。

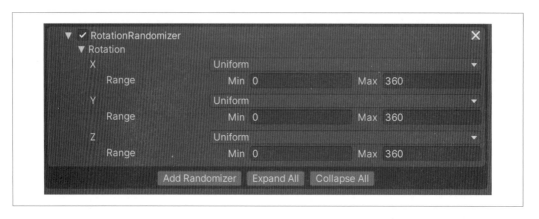

圖 14-23　RotationRandomizer

這就是所有的隨機產生器。要設定被隨機產生器影響的物件，我們需要為這些物件提供一些額外的組件：

1. 開啟 Project 窗格中的 Background Objects Prefabs 資料夾，選擇所有預製件（仍在 Project 窗格中），如圖 14-24 所示。

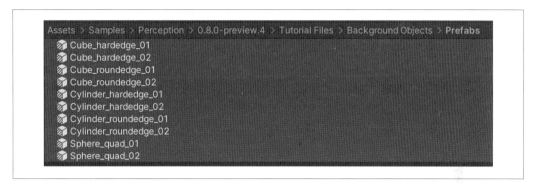

圖 14-24　選擇背景預製件資產

2. 使用 Inspector（當所有背景物件預製件都被選擇時），點擊 Add Component 按鈕，添加一個 TextureRandomizerTag 組件、一個 HueOffsetRandomizerTag 組件和一個 RotationRandomizerTag 組件，如圖 14-25 所示。

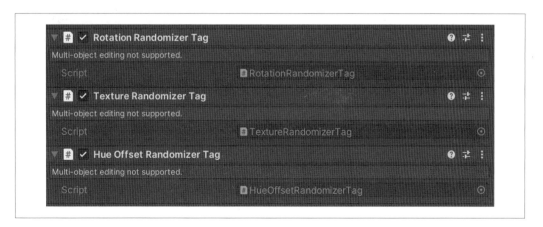

圖 14-25　向資產添加組件

3. 導航到 Project 窗格中的 Foreground Objects Prefabs 資料夾，選擇所有這些預製件，然後使用 Inspector 來將 RotationRandomizerTag 添加到所有的 Foreground Objects。

就這樣！

假裝它直到您完成它

我們準備產生一些虛假的超市資料。

您可能需要定位您的相機，以便讓它產生漂亮的圖框影像。

執行環境，Unity 會重複執行我們設定的隨機產生器，而每次都儲存一張影像。Unity 控制台會顯示它們的儲存位置，如圖 14-26 所示。

圖 14-26　影像輸出路徑

如果您導航到系統上的這個資料夾，您會發現一大堆影像，以及一些描述物件標籤的 Unity Perception JSON 檔案，如圖 14-27 所示。

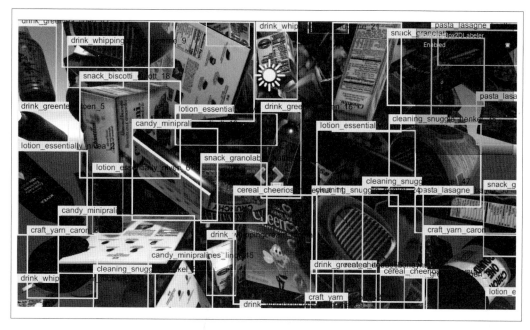

圖 14-27 隨機影像的一個範例

您可以使用此資料在 Unity 之外來訓練機器學習系統。要使用該資料來訓練機器學習系統，可以使用很多種方法中的其中任何一種。

如果您好奇的話，我們建議您從 Faster R-CNN 模型開始，使用在 ImageNet 上預訓練的 ResNet50 骨幹。您可以在 PyTorch 的套件 torchvision 中找到所有這些東西的實作。

 如果您想了解更多相關資訊，建議您找一本關於 PyTorch 或 TensorFlow 的好書。同時，一個很好的起點是在 GitHub（*https://oreil.ly/4FT3j*）上的 Unity 的 datasetinsights 儲存庫。

使用合成資料

本書中的合成章節著重於使用模擬環境來產生合成資料，這是更廣泛的機器學習領域的一個成長趨勢。這是因為建立在熱門 ML 領域（如電腦視覺）中流行的偵測或分類模型（電腦可以偵測、識別並在理想狀況下對照片或影片饋入中存在的物件做出具有智慧的決策）需要大量的資料來表達您希望模型能夠識別或區分的物件種類。

通常這意味著一個由數百萬張照片組成的資料集，每張照片都個別標記有出現在裡面的物件。有時它甚至需要標記每張影像中出現特定物件的區域。如果您要解決的問題尚不存在這樣的資料集，那麼這將是一項不可能的任務。

這導致了共享資料集的普及，這是一件好事，但考慮到機器學習模型對於它們如何做出關鍵決策的不透明性，對它所基於的資料知之甚少只會導致機器學習領域中缺乏責任感和理解力的現有問題。因此，如果您正在為重要的事情訓練模型，或者作為學習進行練習，您仍然需要建立自己的訓練資料集。

資料合成可以減少建立資料集所需的工作量，方法是允許某人定義資料中應該存在的內容以及資料的各個層面將如何變化的規則。然後可以使用模擬環境在給定的規範內產生任意數量的隨機變化，並以指定的形式來輸出每種變化 —— 例如標記的影像。這可用於為以下的物件建立資料集：

- 特定物體識別 —— 透過在虛擬場景中，從不同角度、在不同物體之間、部分遮擋、不同光照條件下產生物體的圖片。

- 預測 2D 影像中的距離或深度 —— 透過產生視覺影像和由模擬（它知道物體和相機之間的距離）來填充的相應深度圖。

- 分割場景中的區域 —— 產生類似於預測 2D 影像中的深度，但輸出可以讓像是自動駕駛汽車等物體來識別和它的駕駛相關的物體，例如標誌或行人（如圖 14-28 所示）。

- 其他任何您可以在虛擬場景中隨機產生的內容。

圖 14-28　視覺影像範例（左）和表達場景中識別出的物件類別的相對應地圖（右）

資料合成後該如何處理取決於您自己，因為從影像資料集中淬取和學習所需的通用機器學習超出了本書的範圍。在這裡，我們專注於模擬部分以及模擬引擎如何實現獨特的機器學習。

對於模擬之外的機器學習，您可能希望查看 O'Reilly Media 的另一本關於該主題的書籍，例如與本書相同作者的 *Practical Artificial Intelligence with Swift* 或 Aurélien Géron 所著的 *Hands-On Machine Learning with Scikit-Learn, Keras and TensorFlow*。

索引

※ 提醒您：由於翻譯書排版的關係，部分索引名詞的對應頁碼會和實際頁碼有一頁之差。

關於作者

Paris Buttfield-Addison 博士是 Secret Lab（*https://www.secretlab.com.au*）（@TheSecretLab 在 Twitter 上）的共同創始人，這是一家位於美麗的澳洲霍巴特（Hobart）的遊戲開發工作室。Secret Lab 建構遊戲和遊戲開發工具，包括屢獲殊榮的 ABC Play School iPad 遊戲、Night in the Woods 遊戲、Qantas 航空公司的 Joey Playbox 遊戲、以及 Yarn Spinner 敘事遊戲框架。Paris 曾擔任 Meebo（被 Google 收購）的行動產品經理，擁有中世紀歷史學位和計算博士學位，並為 O'Reilly Media 撰寫了有關行動和遊戲開發的技術書籍（目前已超過 20 本）。Paris 特別喜歡遊戲設計、統計、法律、機器學習和以人為本的技術研究。您可以在 Twitter 上的 @parisba 和線上的 *http://paris.id.au* 上找到他。

Mars Buttfield-Addison 是一名電腦科學和機器學習研究員，也是 STEM 教育素材的自由創作者。她目前正在塔斯馬尼亞大學攻讀電腦工程博士學位，並與 CSIRO 的 Data61 合作，研究如何調整大型無線電望遠鏡陣列來識別和追蹤近場的太空碎片和衛星，同時為天文學進行深空觀測。您可以在 Twitter 上的 @TheMartianLife 和線上的 *https://themartianlife.com* 上找到 Mars。

Tim Nugent 博士假裝成行動應用程式開發人員、遊戲設計師、工具建構者、研究員和技術作者。當他沒有忙於避免被發現為欺騙者時，他大部分時間都在設計和建立他不會讓任何人看到的小應用程式和遊戲。Tim 花了很長的時間來寫這個小小的傳記，其中大部分時間都為了試圖加入一個詼諧的科幻參考資料，然後他就放棄了。Tim 可以在 Twitter 上的 @The_McJones 上找到，也可以在線上的 *http://lonely.coffee* 找到。

Jon Manning 博士是獨立遊戲開發工作室 Secret Lab 的共同創始人。他為 O'Reilly Media 寫了一大堆關於 Swift、iOS 開發和遊戲開發的書籍，並且在網際網路上獲得了混蛋（jerk）博士學位。他目前正在開發由上而下的解謎遊戲 Button Squid，以及廣受好評並屢獲殊榮的冒險遊戲 Night in the Woods，其中包含了他的交談式對話系統 Yarn Spinner。Jon 可以在 Twitter 上的 @desplesda 上找到，也可以在線上的 *http://desplesda.net* 找到他。

出版記事

Practical Simulations for Machine Learning 封面上的動物是駝背鱸（panther grouper，學名 *Cromileptes altivelis*），牠是屬於輻鰭魚綱的海洋魚類，也被稱為 humpback grouper，在澳洲也被稱為 barramundi cod。駝背鱸可以在印度太平洋的熱帶水域中找到，分布從東南亞一直到澳洲的北海岸。年輕的駝背鱸往往生活在淺礁或海草床中，而成年駝背鱸則生活在 120 英呎的深處。

這種容易辨認的魚在奶油色或綠灰色的魚身上有特徵性的黑點，頭部、身體和鰭上有斑點。當受到驚嚇時，這些褐色斑塊會變得更暗，形成一種偽裝。駝背鱸的小頭和垂直壓縮的身體使其具有駝背的外觀，因此而得名。

駝背鱸是肉食性的獵手，牠們透過伸展下顎來產生強大的吸力來將獵物整個吞下。這種魚通常會在海底捕獵，在黎明和黃昏時伏擊小型甲殼類動物和魚類。在移動時，駝背鱸會獨自或成對游泳，緩慢、蜿蜒前進並進行奇怪的轉彎，幾乎就像牠試圖倒著游泳一樣。

幼駝背鱸的圖案更為顯眼，是理想的觀賞魚，而成年駝背鱸是一種常見可食用的白肉魚。因此，漁業對此物種構成潛在威脅，但此物種目前被 IUCN 指定為「資料不足」。然而，牠是澳洲昆士蘭的一種受保護的鱸魚物種。

O'Reilly 封面上的許多動物都瀕臨滅絕。所有這些動物對世界都很重要。

封面插圖由 Karen Montgomery 創作，基於 *Fishes of India* 的古董線條雕刻而來。

機器學習模擬應用｜將合成資料運用於 AI

作　　者：Paris Buttfield-Addison, Mars Buttfield-Addison,
　　　　　Tim Nugent, Jon Manning
譯　　者：楊新章
企劃編輯：蔡彤孟
文字編輯：詹祐甯
特約編輯：吳黛莉
設計裝幀：陶相騰
發 行 人：廖文良

發 行 所：碁峰資訊股份有限公司
地　　址：台北市南港區三重路 66 號 7 樓之 6
電　　話：(02)2788-2408
傳　　真：(02)8192-4433
網　　站：www.gotop.com.tw
書　　號：A715
版　　次：2023 年 03 月初版
建議售價：NT$680

國家圖書館出版品預行編目資料

機器學習模擬應用：將合成資料運用於 AI / Paris Buttfield-Addison,
Mars Buttfield-Addison, Tim Nugent, Jon Manning 原著；楊新章
譯. -- 初版. -- 臺北市：碁峰資訊, 2023.03
　　面；　　公分
　　譯自：Practical Simulations for Machine Learning
　　ISBN 978-626-324-436-8(平裝)
　　1.CST：機器學習　2.CST：人工智慧
312.831　　　　　　　　　　　　　　　　　112001858

讀者服務

● 感謝您購買碁峰圖書，如果您對本書的內容或表達上有不清楚的地方或其他建議，請至碁峰網站：「聯絡我們」\「圖書問題」留下您所購買之書籍及問題。（請註明購買書籍之書號及書名，以及問題頁數，以便能儘快為您處理）
http://www.gotop.com.tw

● 售後服務僅限書籍本身內容，若是軟、硬體問題，請您直接與軟體廠商聯絡。

● 若於購買書籍後發現有破損、缺頁、裝訂錯誤之問題，請直接將書寄回更換，並註明您的姓名、連絡電話及地址，將有專人與您連絡補寄商品。